谋事三要

一生必须做成的三件大事

——东篱子◎解译

中国华侨出版社

·北京·

图书在版编目 (CIP) 数据

谋事三要：一生必须做成的三件大事 / 东篱子解译 . —
北京：中国华侨出版社，2004．9（2025．4 重印）
　ISBN 978-7-80120-849-1

　Ⅰ．①谋… Ⅱ．①东… Ⅲ．①成功心理学—通俗读物
Ⅳ．① B848.4-49

中国版本图书馆 CIP 数据核字（2004）第 088308 号

谋事三要：一生必须做成的三件大事

解　　译：东篱子
责任编辑：唐崇杰
封面设计：胡椒书衣
经　　销：新华书店
开　　本：710 mm×1000 mm　1/16 开　　印张：12　　字数：131 千字
印　　刷：三河市富华印刷包装有限公司
版　　次：2004 年 9 月第 1 版
印　　次：2025 年 4 月第 2 次印刷
书　　号：ISBN 978-7-80120-849-1
定　　价：49.80 元

中国华侨出版社　北京市朝阳区西坝河东里 77 号楼底商 5 号　邮编：100028
发 行 部：（010）64443051　　　　　　传　　真：（010）64439708

如果发现印装质量问题，影响阅读，请与印刷厂联系调换。

天下事均成于一个"谋"字，大谋大胜，小谋小胜，无谋则不胜，这是最简单却谁也不能违背的行动准则。

究竟如何"谋事"呢？不同的人有不同的回答。按照《三十六计》讲述的道理，"谋事在于算，算事在于准"这是战略上的攻坚术。如果换一个角度看，它同样适合于非战略状态下的个人行动，因为，第一，带有谋事的行动，可以避开草率，增加成功率；第二，运用谋事的手段，可以发挥自己的强项，以最小的付出赢得最大的收获。

基于上述认识，我们认为谋事有三要是必须掌握的：

首先，谋自己：自己要做的每一件事，都打上"谋"字的印证，然后区分主次，用高度的投入做出自己的强项来。

其次，精做事：认准自己最有把握的事，防范各种"不可能"的因素，然后用思考一一化解掉；同时要做到"攻准一点，举动一片"。

最后，算成局：首先算一算自己究竟有多大成功概率，然后再精挑细选，让每一个行动都环环相扣，形成一盘布局严密的棋！

显然"谋自己"、"精做事"、"算成局"三者是一个行动的连续过程，并非各自独立。"谋自己"为第一，是因为不知己就不能知彼，不知彼就难以胜彼；"精做事"为第二，是因为做事力戒糊涂和鲁莽，不确立到一个有把握的"点"上，就很难有所突破，"算成局"为第三，是因为在行动展开的时候，应当学会一步一步分析它的得失，在比较中放弃原来的部分计划，找到胜局之法。

有些人，或者说更多的人正是因为在这三点上严重缺少合理安排，所以把本来可以做成的事做得一塌糊涂。这是行动的最大忌讳和弱点。那么为什么这些人又是难以彻底纠正在谋事上不足的弊病呢？

寻找原因，不外乎第一不善于思考，即不能开动脑筋，分析成败的各种因素，仅想凭一腔热血做下去，甚至不到黄河心不死；第二不善于判断，即不知要做的事情存在哪些难点，更不知有哪些外部因素会制约它，仅是两眼摸黑，一股脑儿地闯下去；第三不善于改变，即认准一条死理，不会在行动中选择，在行动中放弃，总以为自己所做的一切皆对。这些都是因为盲目地自信，过高地夸大自己的能力。

本书提出"谋事三要"，并以之为一生必须做的三件大事，是结合许多成败个案而得出来的普通原则，其目的是希望有志于人生改变者，多在谋事方面高标准严格要求自己，切忌随意而为，更要在做事方面"摸着石头过河"，力戒走入绝境。其实，一个人的一生并不是复杂的，如同云雾笼罩，只要你思考有序、判断到位、学会放弃，就可以取得一个个不错的胜局。

鉴于许多在谋事方面成功的大智慧，本书既有古代之个案，也有现代之引申，分析透彻，不失为一部有关"谋事"的好书！

目 录
Contents

中辑

精做事：精通大事小事的深学问

什么叫"精"？就是利用最短的时间最有效地做最有效力的事情。精明人善为此道，因为他们心中的胜算筹码很高，不轻易出手，一旦出手，便会有风起云动之势，让自己一步登上成功的平台。不管你做什么事，全在于一个"精"字，而不在于一个"滥"字上。

下辑

算成局：算明白自己每一步的走法

有算则胜，无算则垮，这是人人皆知的成功术。"算成局"就是
根据自己的人生目标，区分清楚成与败的概率，不误入失败的圈
套，把主动权时刻牢牢掌握在自己手上。天下能成事的人，没有
一个不是算局之高手。

上辑

谋自己

不明己无以成大事

一个不善于谋划自己的人，一定无法与强手抗衡！即使与一般人过招，恐怕也难以打成平手。你要想成就自己，必须从谋划自己开始。想明白自己的套路，想明白自己的方略，然后在关键时刻一锤定音。

第1章
攻守平衡：吃透古代胜者做人之道

凡是让自己有所成就的人，绝非坑蒙拐骗之徒，而是在做人这个大舞台上绝对到位的智者。

千方百计化敌为友

没有永远的朋友，也没有永远的敌人，只有永远的利益。生意场上的竞争，总免不了构成敌对关系。然而，一代名商胡雪岩却总是笑对竞争对手，在不动声色之间便化干戈为玉帛、化敌为友了。

胡氏在生意上虽然历经波折，但终究是有莫大的成就。这不但靠他自己的能力，也靠他的朋友支持，甚至势不两立的敌人也有向他伸出援助之手的时候。

与胡氏势不两立的，大都是生意上的对头。一般商人遇到这种事，总是想：既然大家都过独木桥，对不起，我只有想办法把你挤下去了；然而胡雪岩不这样想。既然是过独木桥，大家都很危险，纵然我把你挤下去，谁能担保你不能湿淋淋地爬起来，又来挤我呢？冤冤相报，何时是个头？既然大家图的是利，那么就在利上解决吧。

　　胡雪岩的老朋友王有龄曾经遇到一件麻烦事，他去拜见巡抚大人，巡抚大人却说有要事在身，不予接见。

　　王有龄自从当上湖州知府以来，与上面的关系可谓做得相当活络，逢年过节，上至巡抚，下至巡抚院守门的，浙江官场各位官员，他都极力打点，竭力巴结之能事，各方都皆大欢喜，每次到巡抚院，巡抚大人总是马上召见，今日竟把他拒之门外，是何道理？真是咄咄怪事！

　　王有龄沮丧万分地回到府上，找到胡雪岩共同探讨原因。

　　胡雪岩认为，这事必有因，于是起身到巡抚院打听，他找到巡抚手下的何师爷，两人本是老相识，无话不谈。

　　其实，巡抚黄大人听表亲周道台一面之词，说王有龄所治湖州府今年大收，获得不少银子，但孝敬巡抚大人的银子却不见涨，可见王有龄自以为翅膀硬了，不把大人放在眼里，巡抚听了后，心中很是不快，所以今天给王有龄一些颜色。

　　这周道台到底何方神圣，与王有龄又有什么过节呢？

　　原来，这周道台并非实缺道台，也是捐官的候补道台。是巡抚黄大人的表亲，为人飞扬跋扈，人皆有怨言。黄巡抚也知道他的品性，不敢放他实缺，怕他生事，又念及亲情，留在巡抚衙门中做些文案差事。

　　湖州知府迁走后，周道台极力争补该缺，王有龄花了大量银子，黄巡抚最终把该缺给了王有龄。周道台从此便恨上王有龄，常在巡抚面前说王有龄的坏话。

王有龄知道事情缘由后，恐慌不已，今年湖州收成相比往年，不见其好，也不见其坏，所以给巡抚黄大人的礼仪，还是按以前惯例，哪知竟会有这种事，得罪了巡抚，时时都有被参一本的危险，这乌纱帽随时可能被摘下来。

对此，胡雪岩却微微一笑，从怀里掏出一只空折子，填上两万银子的数目，派人送给巡抚黄大人，说是王大人早已替他把银子存入了钱庄，只是没有来得及告诉大人。

黄巡抚收到折子后，立刻笑逐颜开，当即派差役请王有龄到巡抚院小饮。此事过后，胡雪岩却闷闷不乐，他担心有周道台这个灾星在黄大人身边，早晚会出事。

王有龄何尝不知，只是因为周道台是黄大人表亲，俗话说"打狗还得看主人"，如果真的要动他，恐怕还真不容易。

胡雪岩想来想去，连夜写了一封信，附上千两银票，派人送给何师爷，何师爷半夜跑过来，在密室内同胡雪岩谈了一阵，然后告辞而去。

第二天一早，胡雪岩便去找王有龄，告诉他周道台近日正与洋人做生意，这生意不是一般的生意，而是军火生意，做军火生意原本也没什么，只是周道台犯了官场的大忌。

原来，太平天国之后，各省纷纷办洋务，大造战舰，特别是沿海各省。浙江财政空虚，无力建厂造船，于是打算向外国购买炮船。按道理讲浙江地方购船，本应通知巡抚大人知晓，但浙江藩司与巡抚黄大人素有不和，平素貌合神离、各不相让，加之军机大臣文煜是藩司的老师。巡抚黄大人对藩司治下的事一般不大过问，只求相安无事。

然而这次事关重大，购买炮舰花费不下数十万，从中抽取回扣不下十万，居然不汇报巡抚，所以藩司也觉心虚，虽然朝中有靠山，但这毕竟是巡抚的治下，于是浙江藩司决定拉拢周道台。一是因为周道台能言善辩，同洋人交涉是把好手，二是因为他是黄巡抚的表亲，万一事发，不怕巡抚大人翻脸。

周道台财迷心窍，居然也就瞒着巡抚大人答应帮藩司同洋人洽谈，这事本来做得机密，不巧却被何师爷发现了，何师爷知道事关重大，也不敢声张，后来见胡雪岩问及，加之他平素对周道台十分看不起，也就全盘托出。

王有龄得知这个消息后大喜，主张原原本本把此事告诉黄巡抚，让他去处理。

胡雪岩却认为，此事万万不可。生意人人做，大路朝天，各走半边。如果强要断了别人的财路，得罪的可不是周道台一人。况且传出去，人家也会当他们是告密小人。

两人又商议半晌，最后想出了一个周全的方法。

这天深夜，周道台正在做好梦，突然被敲门声惊醒。他这几日为跑炮船的事累得要死，半夜被吵，心中很是气愤，打开门一看，依稀却是抚院的何师爷。

何师爷见到周道台，也不说话，从怀里摸出两封信递给他。周道台打开信一看，顿时脸色刷白，原来这竟然是两封告他的，信中历数他的恶迹，又特别提到他同洋人购船一事。

何师爷告诉他，今天下午，有人从巡抚院外扔进两封信，叫士兵拾到，正好何师爷路过拆开信一看，觉得大事不妙，出于同僚之情，才来通知他。

周道台一听顿时魂飞魄散，连对何师爷感激的话都说不出来。他暗思自己在抚院结怨甚深，一定是什么人听到买船的风声，趁机报复。如今那写信之人必定还会来报复。心急之下，拉着何师爷的衣袖求他出谋划策指条明路。

何师爷故作沉吟，片刻之后才对他说，巡抚大人所恨的人是藩司，却并不反对买船。如今同洋人已谈好，不买已是不行，如果真要买，这笔银子抚院府中肯定是一时难以凑齐，要解决此事，必要一巨富相资助，日后黄大人问起，且隐瞒同藩司的勾当，就说是他周道台与巨富商议完备，如今呈请巡抚大人过目。

周道台听完，倒吸了一口凉气。他在浙江一带素无朋友，也不认识什么巨富，此事十分难办。

何师爷借机又点化他，说全省官吏中，惟湖州王有龄能干，又受黄大人器重。其契弟胡雪岩又是江浙大贾，仗义疏财，可以向他求救。

一提王有龄，周道台顿时变了脸色，不发一言。

何师爷知道周道台此时的心思，于是又对他陈述其中的利害，听得周道台又惊又怕，想想确实无路可走，于是次日凌晨便来到王有龄府上。王有龄虚席以待，听罢周道台的来意，王有龄沉吟片刻后说道："这件事兄弟我原不该插手，既然周兄有求，我也愿协助，只是所获好处，分文不敢收，周兄若是答应，兄弟立即着手去办。"

周道台一听，还以为自己听错了，赶紧声明自己是一片真心。

两人推辞半天，周道台无奈只得应允了。于是王有龄到巡抚衙门，对黄巡抚说自己的朋友胡雪岩愿借资给浙江购船，事情可托付周道台办。巡抚一听又有油水可捞，当即应允。

周道台见王有龄做事如此厚道大方，自觉形秽。办完购船事宜后，亲自到王府负荆请罪，两人遂成莫逆之交。

胡雪岩一向认为，生意场中虽然没有真正的朋友，但是也绝对不是处处都是敌人。所以，当众拥抱敌人，化敌为友，才称得上是高手之中的高手。

心中有数，就会占得主动

会做人者，时时刻刻心中有数，绝不会在没有算计周全的情况下，随意出手，否则就叫"乱出手"。当然，一个人善于抓时机，见机而动或者见机而进，固然是英雄本色；但是急流勇退，能见好就收、适可而止，也未尝不是明智之举。孔子说过"过犹不及"，意思是，超过了和差一点儿是一样的，都不是最好的。适可而止，就是在竞争事业中，时刻注意和自身利益相统一的数量界限，绝不超过度，绝不使事情发展到反面。但是，所有这一切，都取决于"心中之数"四个字。

为人处世最看重的就是保持质的数量界限，也就是"度"。超过或者不及，都会使事物的性质发生变化。"度"的存在，要求我们无论做何种事情，那应有个数量分析，做到"胸中有数"，方可攻守转换。

魏晋时期的大军事家曹操，深知适可而止之道，《三国演义》讲道，曹操攻下张鲁的老巢——南郑，取得重大军事胜利。这时，谋士们纷纷进言，劝曹操乘胜进军，直取益州。主簿司马懿认为，刘备刚刚灭了刘璋的力量，但全蜀上下并未归心。益州一胜，乘势进兵，刘备之军势必瓦解。如此天赐良机，不可失去。

谋士刘晔也认为，一旦错过战机，刘备安定蜀民，据守关隘，恐怕难以消灭。

但曹操不以为然。他认为夺取益州的时机还不成熟，应适可而止，"按兵不动"。因为刘备虽然刚刚夺取成都，但军力旺盛，士气很高。另外，尽管孙刘两家矛盾不断激化，但一旦曹操的拳头伸得过长，后方空虚，那么，坐山观虎斗的孙权绝不会袖手旁观，失此良机。他们很可能绕过荆州直袭许昌。为此，不能头脑发热，图一时痛快，而应该审时度势，见好就收。后来事态的发展，也确实如此。只是因为曹操的正确预见和决策，没有吃亏上当。

和曹操形成鲜明对照的是刘备。东吴计杀关羽夺取荆州之后，刘备怒而兴师，发动伐吴之战。虽然这场战争的发动是不谨慎的、但在战役之初，刘备凭借优势兵力，有利地势，以及在报仇雪恨思想指导下一时激起的高昂士气，攻城夺地，捷报频传，在政治上和军事上都赢得不少主动。在杀气腾腾的蜀军进攻之下，吴方被迫再次求和，提出把范疆、张达二人和张飞首级一并送还，交还荆州，送归夫人，重修旧好，一同灭魏。

应该说，东吴的条件对于蜀国而言，已经是很难得的了。试想，即使战争胜利，还能彻底消灭东吴吗？假如刘备头脑清醒，见好就收，既在一定程度上出了心中的怒气，又收回荆州重建吴蜀联盟，从而使战争得到一个较好的结局。但是，刘备被初战的胜利冲昏了头脑，对战争的发展状况心中无数，盲目坚持率军长驱直入，企图消灭东吴。结果大军攻到目的地便成了强弩之末，非但未能灭吴，反被人家一把火烧得大败而归。

还有两个形成鲜明对照的人物，那就是关羽和诸葛亮。三国时期，荆州的归属一直是吴蜀双方争论不休的问题。赤壁之战后，刘备占领了荆州。对于刘备说来，荆州不能没有，因为这是向西川发展的基地，失去荆州，就失去了三分天下进而统一中国的条件。但是，荆州也是东吴的门户，要统一长江以南，发展自己，也必须夺取荆州。为此，赤壁大战后，孙权便派鲁肃前往索取荆州。

照理说，赤壁之战是孙刘联合的胜利，荆州作为从曹操手中夺取的战果，归刘备所有名正言顺。况且，刘备漂泊半生，连个立身之处都没有，占有荆州也没什么不可，完全可以讲出一些理直气壮的话来。但诸葛亮对鲁肃说的却不是这样的话，而是提出暂"借"荆州。

一个"借"字，体现了诸葛亮办事适可而止、恰到好处的精神。当时的刘备，和曹操、孙权比较，力量还很弱小，必须和孙权结盟，共拒曹操，方能立稳脚跟，发展壮大，以图大举。假如提出占领荆州，恶化吴蜀的矛盾，就会破坏吴蜀联盟，打破既定的政治战略，造成全局被动。而用一个"借"字，就避免了这一危险，就是说"借"荆州，既保证了刘备的可靠后方根据地，又维护了孙刘双方的同盟关系，不过不及，恰到好处。

但关羽这个人却不能理解诸葛亮的这番苦心。诸葛亮离开荆州之前，曾告诉关羽八个字"北拒曹操，东和孙权"。但他一直没把"东和孙权"放在心上。在与东吴的多次外交斗争中，凭着一身虎胆、好马快刀，从不把东吴人包括孙权放在眼里，不但公开提出荆州应为我们所得，还对孙权等人进行人格污辱，称其子为"犬子"，使吴蜀关系不断激化，最后，东吴一个偷袭，使关羽地失人亡，悲惨至极。虽然，关羽的失败不能全部归结于他处理与东吴关系时的不谨慎，但至少他的过激行为，造成了吴蜀联盟的破裂，使东吴痛下决心，以武力收复荆州。

曹操诸葛亮刘备关羽的所作所为，从正反两个方面证明：适可而止，见好就收，确是一条极为重要的处事心术。

就心力高低的区别而言，人与人之间的差别并不是天壤之别。真正存在巨大差异的是，能否做应该做的事。不该做的事，你做了，即使做得十分巧妙，也只能证明你心力低下；不该做的事，坚决不做，即使显得无所作为，也称得上是心力高超。

唯有在纷繁复杂、变化多端的事情面前清楚地知道应该做的事和不应该做的事，并相应地调整自己的行为，才是真正的智者所为。荀况曾经说过："知所为知所不为，则天地官而万物役也。"老子也说过："无为而无不为"。在生活中的有些时候，无所作为就是最大的作为！

一步一步辨清人

看透人，才能办成事，这是成功的硬道理。不过，在生活中有些人却是很难一下被看透的，关键是他们把自己的内心世界包裹得太严实了。在古代，有些人不仅给自己戴上面具，上面还要多涂一层油彩，这就需要在他身边的人必须能够看透他的面具，一步一步辨清人。

颜真卿不只是一位唐代最为杰出的书法大家，也是最忠贞的大臣之一。在安禄山起兵叛乱时，河北 20 余郡望风而降，唯有他一人，以一座小小的平原郡城，孤军独立，誓不降贼，成为抗击叛军的中流砥柱，从而赢得唐玄宗极大的赞叹。以后，他历肃宗、代宗、德宗几朝，德高望重，天下景仰。

可是，奸相卢杞当权，容不下这样的老前辈，先是想将他挤出朝廷，问他："想安排你去外地任职，你看哪里对你比较合适？"颜真卿在朝堂中当众回答道："我这个人由于性子耿直，一直被小人所憎恨，遭到贬斥流放也不是一次两次了。如今我老了，希望你能有所庇护。当年安禄山杀害了你的父亲，将首级传到我那里，以威胁我投降，我见到你父亲脸上的血迹，不敢用衣巾擦拭，是我以舌一一舐干净的，难道你还不能容下我吗？"

　　这一番掷地有声的话，使卢杞不禁惶然悚然，立即对颜真卿下拜，但心中更恨他了。那时，割据淮西的藩镇李希烈起兵反叛朝廷，自称天下兵马都元帅，气势汹汹。德宗向卢杞问计如何平息，奸诈的卢杞决心利用这个机会来除掉颜真卿，便对德宗说："李希烈是个年轻的悍将，恃功傲慢，他的部下不敢阻止他。如果朝廷能派出一位儒雅重臣，向他宣示陛下的恩德，陈述逆顺祸福的道理，李希烈必然会革心悔过，这样就不必大动干戈而将他收服。颜真卿是几朝重臣，忠直刚强，名重海内，人人都敬服，他去最为合适。"

　　那个不辨忠奸的德宗皇帝完全听从卢杞的意见，朝中有识之士无不为之震惊。有人劝告颜真卿说："你一去必然会遇害，暂且留下来，看一看朝廷会不会有新的命令。"颜真卿慨然道："国君之命，怎么能够不从？"也有人上书朝廷说："失去了一位元老重臣，这是国家的耻辱！请将颜真卿留下吧！"

　　颜真卿义无反顾，受命即行。到了李希烈那里以后，李希烈使出各种手段，用尽威逼利诱之能事。时而派出一千多名士兵，拔出匕首，围着颜真卿，张牙舞爪，似乎要将他一刀一刀地割碎生吃；时而又在他住的馆舍挖个大坑，声言要将他活埋；时而又架起干柴，浇上油，燃起熊熊烈焰，威胁要烧死他；时而又劝他拥戴李希烈为天子，并许愿封他为宰相。对这一切颜真卿不为所动，大义凛然，最后终于被杀害，令人叹息！

　　在古代，借人治人的手段不仅为奸佞大臣所常用，那些住在后宫里的女人为了争宠，也喜欢运用此法，酿成无数悲剧。

唐高宗时，皇后与武则天争宠，互相在皇帝面前诋毁对方。高宗虽然比较偏向武则天，但还没有打算要废黜皇后的意思。武则天为了登上皇后宝座，丧心病狂地策划了一场阴谋。武则天有一个女儿，高宗、皇后很喜欢这个婴儿，常来看望。一天，皇后来看孩子，武则天借故躲避，皇后独自一人逗孩子玩了一会儿，就离去了。皇后一走，武则天马上进屋，把自己的亲生女儿活活扼死，再用被子原样盖上。隔了一会，高宗来看孩子，武则天假装和他说说笑笑，等皇帝要她抱孩子时，她拉开被子，惊叫一声，立即大哭起来，高宗上前一看，原来他极其喜欢的这位小千金早已手足冰凉，死去多时了。高宗龙颜大怒，叫来宫女、太监询问有谁来过此地，他们只得说皇后不久前来过，高宗于是认定是皇后与武则天不和而下此毒手。这时，装得悲痛之极的武则天又把平时收集的皇后过失，一一向高宗诉说，高宗因此有了废黜皇后的打算。就这样，武则天借刀杀人，嫁祸于人，为自己登上皇后宝座扫清了道路。

上述两例足以说明一步一步辨清人是何等重要。做人也好，办事也罢，一定要防范那些小人行为，不被他们的奸诈所蒙欺，要能及早地一步一步辨清小人，看透他们，防止出现失手，即防止别人借刀杀人，留下遗憾。

稳住自己等于击垮对手

当一个人要与对手较量，或者要决定采取何种行动时，是必须慎之又慎的。做出一个正确的抉择的困难程度或许更甚于透视对手的心意。特别是当事情和自己有密切关联的时候，要保持情绪的稳定，更不容易。所以，为人处世必须在心理上先做足准备，否则一旦事情发展到对自己相当不利的地步，或者遇到不足与其为谋的人时，自己本身就可能先发生动摇，计划的进行当然就会或多或少地受到阻碍。

举个例子来说，当你发现对方暗中有背信行为时，就怒气冲天，不能冷静地考虑对策，自然就无法正中要害，给他致命的一击。因此，遇到这种情况，必须冷静应付，否则前功尽弃，枉费心机！

在这方面有精彩论述的中国古籍，最好的就是《战国策》和《韩非子》，原因在于这两本书在透视人心方面，不但有独特的见解，并且举出实例加以说明，使得读者更容易明了。

齐国宰相孟尝君，在某一个机会里，发现寄宿门下的食客，竟然背弃礼义，和他的姜通奸。

"以食客的身份，竟敢如此不知自爱，做出这样为人不齿的行为，非杀不可……"

虽然有人用这些话挑拨他，孟尝君却说道："男女相爱，乃人之常情，不必管他。"

就这样过了一年，有一天孟尝君召见这个食客，说道："阁下寄宿我处已有相当的日子，可惜这里好像没有你的仕宦之途。很幸运的，卫国君主平日与我交往不错，我想介绍你到他那儿去图个前程，不知你意下如何？"

食客经过孟尝君的介绍，前往卫国任官，逐渐被卫君所重用。经过了几年，卫国和齐国感情交恶，卫国国君想要联合诸国攻打齐国。就在这个时候，那位被孟尝君介绍到卫国的食客挺身而出，说服卫君打消了攻打齐国的念头，因而避免了齐卫之间的一场争战。

《战国策》中对这桩事情的评论是：孟尝君很会处事，他能够转祸为福。

另外有一个故事，是说一个人虽然发现自己处境危险，却能够探身虎穴，因而保全了性命。

荆国对吴国宣战。

吴国为拖延时间，于是派遣使者前往荆国军营，试探敌军的虚实。

使者到达敌营，看见荆国军士个个士气旺盛，一团杀气，知道此次前来，必定难逃一死。

敌将话中带有讽刺地问他："你在出发之前卜过吉凶了吗？"

"有，卜得大吉之兆。"

"哎呀！死到临头，你还敢说大吉？"

"这就是大吉呀！我国派我前来的目的，就是试探贵国的战意如何；如果我被杀身亡，我军必做万全的准备，作战到底。像这样牺牲了我一个人而救了全国，岂不是大吉？"荆军终于不杀使者。

下面一则故事，说明了虽然国中有人看破敌人诡计，可惜贪心的国王为物欲所蒙蔽，没有接纳他的建议，终于走上亡国的道路。

有一次，某大国派使者到相邻的小国说："我君想铸一口大钟（古代乐器）送给贵国，但是两国之间的道路艰险，车辆无法通过，请贵国将险道扩展，以利运送。"

在当时，大钟是很贵重的宝器，所以小国君主满心欢喜，准备立刻拓宽道路。

可是群臣之中有人识破了大国的阴谋，于是劝谏国王道："从古至今，没有大国赠送礼品给小国的道理，其中必然有诈。据臣的猜测，礼物之后必定随有兵车，此事断然不可答应。"

然而，小国君王为物欲蒙蔽了心思，不听臣下的劝谏，开路迎接，果然大国军队随在钟后蜂拥而至，毫无防范的小国顷刻间土崩瓦解。

最后，或许是画蛇添足，再补充几句。

我们对于事情的判断，不能够太自信、太武断。即使你自以为用心良苦地看透了对方，但事情总是没有绝对的，或许你的眼光有所偏差，或许对方在被你看透之后又发生了变化。

无论如何，最重要的是，不管对方态度如何，自身要先有准备，这句话并不是要我们凡事都存着怀疑的态度。相信或不相信对方，是另一回事；最要紧的，还是自己要能站得住脚。自己站稳了之后，就不必在乎外界发生的任何变化了。

还有一点要说的是，侥幸的心理绝对不可以存在。人应该面对现实，勇于承担一切。

其实退一步想，如果有人存心欺骗你，就让他欺骗一次算了，何必去斤斤计较，和自己过不去呢？

如果你的人生能够如此达观，相信你在处理社会人际关系方面就会更加理智，更加平和。所以，稳住自己，不为他人或他事乱了方寸，这是与对手较量必须做到的第一步。

掌握"透视人心法"

做人办事离不开透视人心，此外还要学会把透视的"东西"加以利用，这样才能制胜。也就是说如果你能顺利地看透对方的本意，事情是不是就算完了呢？不，双方的斗智这时才真正开始。能透视对方的内心，只不过使你得到一种有力武器罢了，更重要的是，你要如何使用抓在手中的这把利器？如果不懂得使用的方法，只知道手拿利器乱挥乱舞，不但不能击中别人，相反，很有可能伤害到自己，因此切勿乱用这把容易伤人的利器。

首先介绍一段因为夸耀自己有先见之明而导致失败的故事。魏王的异母兄弟信陵君，在当时名列"四公子"之一，知名度极高，因仰慕信陵君之名而前往的门客，达3000人之多。有一天，信陵君正和魏王在宫中下棋消遣，忽然接到报告，说是北方国境升起了狼烟，可能是敌人来袭的信号。

魏王一听到这个消息，立刻放下棋子，打算召集群臣共商应敌事宜。坐在一旁的信陵君，不慌不忙地阻止魏王，说道："先别着急，或许是邻国君主出行围猎，我们的边境哨兵一时看错，误以为敌人来袭，所以升起烟火，以示警诫。"过了一会，又有报告说，刚才升起狼烟报告敌人来袭，是错误的，事实上是邻国君主在打猎。于是魏王很惊讶地问信陵君："你怎么知道这件事情？"信陵君很得意地回答："我在邻国布有眼线，所以早就知道邻国君王今天会去打猎。"从此，魏王对信陵君逐渐地疏远了。后来，信陵君受到别人的诬陷，失去了魏王的信赖，晚年沉溺于酒色，终致病死。任何人知道了别人都不晓得的事，难免会产生一种优越感，对于这种旁人不及的优点，我们必须隐藏起来，以免招祸，像信陵君这样知名的大政治家，因一时不知收敛而导致终身遗憾，岂不可惜？

下面再说一段和信陵君情形刚好相反的故事。

齐国一位名叫隰斯弥的官员，住宅正巧和齐国权贵田常的官邸相邻。田常为人深具野心，后来欺君叛国，挟持君王，自任宰相执掌大权。隰斯弥虽然怀疑田常居心叵测，不过依然保持常态，丝毫不露声色。

一天，隰斯弥前往田常府第进行礼节性的拜访，以表示敬意。田常依照常礼接待他之后，破例带他到邸中的高楼上观赏风光。隰斯弥站在高楼上向四面环望，东、西、北三面的景致都能够一览无遗，唯独南面视线被隰斯弥院中的大树所阻碍，于是隰斯弥明白了田常带他上高楼的用意。

隰斯弥回到家中，立刻命人砍掉那棵阻碍视线的大树。正当工人开始砍伐大树的时候，隰斯弥突又命令工人立刻停止砍树。家人感觉奇怪，于是请问究竟。隰斯弥回答道："俗话说'知渊中鱼者不祥'，意思就是能看透别人的秘密，并不是好事。现在田常正在图谋大事，就怕别人看穿他的意图，如果我按照田常的暗示，砍掉那棵树，只会让田常感觉我机智过人，对我自身的安危有害而无益。不砍树的话，他顶多对我有些埋怨，嫌我不能善解人意，但还不致招来杀身大祸，所以，我还是装着不明不白，以求保全性命。"这一段故事告诉我们，知道得太多会惹祸，这也是中国古代聪明人的一种明哲保身之策。

现代的人心透视术也正要注意此点，不要让对方发觉你已经知道了他的秘密，否则完全失去了透视人心的意义。不过，如果故意要使对方知道你能看穿他心意的话，当然就不在此限之内。

辛苦得到的透视人心武器，究竟应该如何运用？这要视各人的立场来决定。不过，韩非子告诉了我们一个大原则。韩非子生于战国时代，是一位与韩国王室有血缘关系的贵族公子。韩非子的祖国韩国，在战国七雄当中，势力最弱，前途黯淡，命运有如风中灯草。而七强之中最早实行法治政策的秦国，日益强盛。因此韩非子认为，要挽救祖国的命运，势必要实施革新政策，以达成富国强兵的目的。然而，韩王的优柔寡断，加上众臣强烈的反对，使得强化国家的政策难以推行。韩非子所建议的透视臣下，进而控制众臣的种种方法策略，就构成《韩非子》五十五篇。

不过，韩非子实施新政的障碍，并不只是那些横行跋扈的贵族显要，韩王本身的顽固，也是韩非子应该立刻解决的问题。所以，韩非子想要先行透视韩王的心意，然后再进行游说工作。当然，想要说服韩王，并不是简单的事情，弄不好还可能招来杀身大祸。

那么透视对方内心之后，应该进一步处理的原则是什么？

在对有可能遇到的各种情况进行分析之后，韩非子对此做出了总结：进言的内容如果触犯君王正在秘密计划的事情，进言者就有生命的危险。对于君王表里不一的计划，如果只知道他的表面工作，尚不致发生危险；万一透视到他内部的计划，进言者就要担心自身的安危了。君王有过失时，如果这时摆出仁义道德的态度来指责他的话，也会危及性命。透视到君王想利用某人的意见，并想以此来显示自己如何英明的话，进言者就会发生性命危险。强制君王做他能力所不及的事情，或是要他做进退两难的事情，进言者都可能有性命之忧。

以上的说法，和我们今日的观点相同——知道太多容易招祸。

那么，难道我们就因为危险而退缩不前了吗？这样岂不失去谏言的目的？所以，韩非子又提出了一些方法，使得进谏之人在看穿对方心意之后，以免招惹祸端。对方自以为得意的事情，我们要尽量加以赞扬；对方有可耻事情的时候，要忘掉不提。当对方因为怕被别人议论为自私而不敢放手去做的时候，应该给他冠上一个大义名分，使他具有信心放手去做。

对于自信心十足，甚至有些自负的人，不要直接谈到他的计划，可以提供类似的例子，从暗中提醒他。要阻止对方进行危及大众的事情时，需以影响名声为理由来劝阻，并且暗示他这样做对他本身的利益也有害。想要称赞对方时，要以别人为例子，间接称赞他；要想劝谏时，也应以类似的方法，间接进行劝阻。对方如果是颇为自信的人，就不要对他的能力加以批评；对于自认有果断力的人，不要指摘他所做的错误判断，以免造成对方恼羞成怒；对于自夸计谋巧妙的人，不要点破他的破绽，以免对方痛苦难过。说话时考虑对方的立场，在避免刺激对方的情况下发表个人的学识和辩才，对方就会比较高兴地接受你的意见。不用多说大家也会知道，以上的进谏方法，适合于下级对上级，也可以适用于一般的人际关系。如果能够站在对方的立场，替他考虑分析的话，那么你就可以真正取得对方的信任。

"站在对方立场来考虑"的人心透视法，这个方法同时也能适用于透视对方之后的下一步对策。

这种方法说得更明白一点，就是在不使对方洞察你的意图的情况下，让对方在不知不觉中自己去体会、认识。这其间的技巧，就在于从旁策动，使对方以为自己原来就打算这样做，丝毫也没有发觉自己正为他人所左右着！

总而言之，当自己看穿对方心意之后，千万不要露出破绽，让一切计划进行得很自然，这样才能使你的策略实行得圆满顺利。

用人之长补己之短

取长补短是聪明人用人的基本优点，做不到这一点，往往会浪费人才，而让自己的人生目标前功尽弃。努尔哈赤进攻明廷连连得胜，首先是他抓住了有利的进攻时机，即利用不知兵事的袁应泰经略辽东的机会，向明军大举进攻；其次，在进攻的时候，又充分发挥后金军队长于野战的特点，引诱明朝守军放弃防守，出城击敌，结果正中努尔哈赤的圈套，被长于野战的后金军队击溃。这样，就变敌之长为短，而使己之短变长，从而实现了克敌制胜的目标。努尔哈赤在管人时究竟如何取长补短的呢？

明万历四十七年（1619），努尔哈赤在萨尔浒战役中以6万八旗兵击溃了号称"四十万"的明军，使明廷遭受重创。随后，努尔哈赤又智取开原和铁岭，后金在与明朝军队的对抗中连连取胜，使努尔哈赤志得意满。

接连失利的明廷面对努尔哈赤率领的后金兵的强大攻势，急忙商讨对策，最后终于起用原任御史熊廷弼为大理寺丞兼河南道御史，宣慰辽东地区。

熊廷弼是湖北江夏人，有胆识，又知兵事，于万历二十六年（1598）中进士，后升为御史。万历三十六年（1608）巡按辽东时，他就敢于破除迷信，同城隍神做斗争。据记载，当时天大旱，熊廷弼行部到金州，向城隍神祈祷，约定七天之内下雨，如果不下雨就毁掉城隍庙。等到了广宁，超过约定日期三天，于是他大书白牌，封剑，派人去斩城隍神塑像；可是被派之人还未到，就风雷大作，雨下如注，从此辽民视熊廷弼如神一般。后来由于明廷内部党争案起，熊廷弼被牵连，贬回原籍。

当熊廷弼接到明廷重新起用自己的消息后，昼夜兼程，每天赶路

200 多里，赴京请敕书、关防，但两次上疏奏都不给发。同年六月，明廷又擢廷弼为兵部右侍郎，兼右佥都御史，经略辽东。熊廷弼陛辞之后，立即赶赴辽阳，这时摆在他面前的是一副残破不堪的局面。熊廷弼在《东事问答》中概括了当时的情况："始下清、抚，譬火始然；三路覆师，厥攸灼矣。开、铁去而游骑纵横，火燎于原。今且并窥辽沈，遂成不可响迩之势。"针对上述衰颓局势，熊廷弼力挽狂澜，进行了大刀阔斧的改革，仅仅一年之后，就一改明军以前的混乱状态，使守备大固，有人称赞熊廷弼经略辽东的功绩时说："一时大臣，才气魂力足以耆拄之者，惟熊司马一人耳。"熊廷弼经略辽东，打乱了努尔哈赤原先拟定的进军日程表。他见辽东在熊廷弼的整顿下已完全改观，不得不改变全力向辽东进攻的策略，重新部署，将军队向其余二路进发：一路伸向北关，吞并了叶赫女真部；另一路向东部漠南蒙古诸部进击。

在完成了这一部署之后，努尔哈赤静下心来，耐心等待明廷局势的变化，以便抓住最有利的时机。努尔哈赤这种策略的改变，反映出他的谨慎态度，同时也体现了他明晓时变、善于应变的思想谋略，而这正是他以少胜多、取胜明军的内在因素。就在努尔哈赤静观其变、等待时机的时候，明朝内部终于出现剧烈动荡，这一连串变化为努尔哈赤的进击创造了千载难逢的机会，使他抓住这一有利时机，全力进攻，拿下了辽阳和沈阳这两大辽东重镇，从此明廷一蹶不振，处于被动挨打的局面。

明廷这时的动荡变化可谓接连不断，极大地损伤了明朝的元气。万历四十八年（1620）七月，明神宗死，太子朱常洛于八月初一嗣位，是为光宗。光宗做太子时就有女宠多人，他当了皇帝后，神宗的郑贵妃为了讨好他，又送给他四位美若天仙的女子。光宗是个好色之徒，从此他起居无节，溺于女色，没几天便得了病。内医太监崔文升为光宗开了一服泻药，光宗服后腹泻不止，一天泻三四十次。病急乱投医，光宗又服了鸿胪寺丞李可灼献的一粒红丸，服后感觉很好，次日又服一粒，但第三天早晨便一命呜呼。这就是震惊朝野的"红丸案"。

"红丸案"引发了一连串变故。首辅方从哲根据光宗遗诏，不仅不治李可灼的罪，反而拟赏银五十两，使舆论大哗，许多官员纷纷上疏纠劾方从哲、李可灼与崔文升，最后方从哲辞官，李可灼充军，崔文升贬到南京，此案才算告一段落。光宗死后，由长子朱由校继承皇位，是为熹宗天启皇帝。在天启朝，统治集团内部"党争"越演越烈，大臣之间相互结党，排斥异己，攻讦对手。熊廷弼治理辽东虽然功劳显著，但是他对朝廷党争不愿过多预闻，拒绝各党派的援引，且不向当权者曲意迎奉，因而得罪了朝中的权势人物，成为党争中的被攻讦对象。

先是御史刘国缙和姚宗文挟私煽动同伙陷害熊廷弼，熊廷弼得知后上疏为自己辩解；之后御史冯三才、张修德又弹劾熊廷弼，熊廷弼无奈再次上疏自辩。但朝廷中对他的弹劾并没有停止，最后熹宗派袁应泰取代熊廷弼经略辽东，熊廷弼因此而成为统治集团内部斗争的牺牲品。对自己的含屈受冤，熊廷弼上疏辩道："今朝堂议论，全不知兵。冬春之际，敌以冰雪稍缓，哄然言师老财匮，马上促战。及军败，始愀然不敢复言。比臣收拾甫定，而愀然者又哄然责战矣。自有辽难以来，用武将，用文吏，何非台省所建白，何尝有一效？疆场事，当听疆场吏自为之，何用拾贴括语，徒乱人意，一不从，辄怫然怒哉！"但是熊廷弼的抗辩犹如泥牛入海，昏聩的明熹宗不顾辽东急需用人的紧急形势，换上了不知兵事的袁应泰。明廷罢免熊廷弼这一自毁长城的愚昧之举，使它付出了惨重的代价，也给善于抓住时机变化的努尔哈赤提供了良机。袁应泰到任后，杀白马祭神，表示自己愿与辽事相始终。但他是一介书生，虽然做官"精敏强毅"，但行军打仗并非他的强项。熊廷弼在辽东时，队伍整齐，纪律严明，法令划一，以守御为主；而袁应泰则一改熊廷弼的策略，宽纵将士，撤换将官，同时不辨真假地收纳蒙古和女真降人，结果里面夹杂了许多间谍，使他们日后充当努尔哈赤攻辽的内应。这样，袁应泰虽然为自己博得了一个好名声，朝廷也多次嘉奖他，但辽东的防务实际上被大打折扣，与熊廷弼在辽时不可同日而语。

目光敏锐、富有军事天赋的努尔哈赤在熊廷弼治辽时，被迫转移战线一年多，而且不得不将进攻辽阳、沈阳的计划暂时搁置。当他看到明朝政治日益腐败，政局更加混乱时，就觉得机会快来了，明神宗与明光宗的先后死去，使明廷党争益烈，加上经略换人，军心涣散，使努尔哈赤捕捉到了一个进攻辽、沈的绝佳时机，于是他果断地下令向辽、沈大举进兵。

天启元年（1621）春，努尔哈赤率军进入辽河流域，发动了辽沈之战。为了打赢这场战争，努尔哈赤做了精心准备：刺探敌情、厉兵秣马、制造钩梯和车等攻城器械。做好这些工作之后，努尔哈赤发动了进攻。仅仅经过十天，努尔哈赤的大军就接连攻克了沈阳和辽阳两城。沈、辽两城作为明朝在辽东的重镇，不仅派有重兵镇守，而且墙固城高，器械齐全，按常理坚持一年半载不成问题，但在努尔哈赤大军的进攻下，有着"固若金汤"之称的沈、辽接连失陷，这当然令明朝统治者大惊失色，不知如何是好。

努尔哈赤为何能在如此短的时间连克沈阳、辽阳两城呢？这除了明朝更换主帅导致军心涣散之外，更与努尔哈赤的军事天才密不可分。首先他抓住了有利的进攻时机，即利用不知兵事的袁应泰经略辽东的机会，向明军大举进攻；其次，在进攻的时候，又充分发挥后金军队长于野战的特点，引诱明朝守军放弃防御，出城击敌，结果正中努尔哈赤的圈套，被长于野战的后金军队击溃。这样，金军就变敌之长为短，而使己之短变长，从而实现了克敌制胜的目标。

由于努尔哈赤善于用变、抓住时机进攻辽沈，使得明朝在辽东的战争遭到重创。从此明朝更是陷于被动防守的局面，尽管后来又先后换上熊廷弼和袁崇焕，使形势有所转变，但明朝皇帝的昏聩无能和刚愎自用，使这两位帅才难以得到重用，反而被他们杀害，于是明朝也就朝着灭亡的陷阱一步一步走近了。

第2章
切入到位：琢磨自己做人的规则

"对照别人，调整自己"——在反思中提升自己的做人水平，是一生绝不能缺少的成功资本。

假人之口探底细

在生活中，有很多事情自己很难开口，特别是涉及自身利益的时候，更难向领导张口。在有些情况下，领导的情绪本来不佳，如果此时再不识相地去问相关事宜，就会引火烧身。所以，在询问时要注意借用他人之口，来问自己关心的事情，将询问问题的主体转移为他人，以免受到牵连。

总经理在南京与客户谈生意，谈了6天还没有结果，秘书小李不知道他是不是想放弃，于是就这样问他："服务台小姐刚才打电话过来，说她们有预订机票的业务，问我们是否需要。我们现在要不要给她们答复？"总经理想了想说："那就问一问能否订后天的。"小李于是就做好了返程的准备。此处，小李用的就是"借别人的口，问自己的事"的问话方法。

在问话的内容是固定的，而且问话的必须性也是一定的情况下，如果想运用这种"用别人的口，问自己的事"的方法，要解决的关键问题就是借谁之口来发问。如果一时不好确定，就可以在询问时采用"听他们说"，"某某人让我问一下"等托词。但是，千万不要扯上一个与要问的事情丝毫没有关系的人。此外，还要注意不要在无意之中挑拨了别人的关系，例如，如果你要假托的人正好与要去询问的人有矛盾，那么就最好另选他人。

帮人帮在点子上

很多事情只有做到点子上才能产生有意义的结果。就拿帮人来说，产生有意义的结果的重要前提就是及时。患难之交才是真正的朋友，同事之间也一样，在遇到危机的时候去帮助他，会加深相互之间的感情，也会得到相应的回报。

李定在某家塑料制品企业经营部。一天，厂长心急火燎地过来问：

"汪霞呢，她的那份合同做好了没有？"那天恰巧汪霞出去为生病的母亲买药，临走时对李定说了一下。李定当时说："汪霞刚刚出去，可能上厕所了吧，您需要哪一份合同书？""就是与宏达塑钢窗厂签订的那一份合同，越到节骨眼儿上越找不着人！"厂长答道。"汪霞一会儿就回来，我先找一下。"厂长走后，李定马上给汪霞打电话，找到了那份合同，及时给厂长送了过去。关键时刻李定解决了难题，汪霞非常感动。两个人的关系非常密切，成为知己。

相互帮助并不一定表现在工作上，有时生活中的小事会给人极深刻的印象，从而改变在工作中对人的看法。玛丽是一个单身女子，住在纽约的一个闹市中。有一次，玛丽搬一个大箱子回家。电梯坏了，玛丽只好自己扛着箱子上八层楼。约翰与玛丽是同事，但玛丽平时看不起约翰，有时还冷嘲热讽。因为约翰平时没事总是不在办公室，工作很差，有时还会弄巧成拙。此时，恰巧碰上约翰，约翰想帮玛丽搬上楼去。玛丽很难为情，约翰此时主动上前，将箱子搬上楼去。事后，玛丽对约翰表示感谢，并开始重新认识他。经过交往，终于发现约翰的兴趣所在，通过关系，使约翰进入了另外的生活。

在同事有困难的时候帮助他，是我们分内的事情，切不可以此作为人情记在心头，不要沾沾自喜，自鸣得意，时常将对别人的帮助挂在嘴边，这样的人人们也不愿意接受他的帮助。也不要期望对方给你的回报，否则不但加深不了感情，反而落得个"势利"的帽子。

晓庄在设计单位计算机房工作，对计算机比较精通，开始其他科室的同事家里的计算机出了毛病后喜欢找他帮忙。晓庄经常对那些曾经帮助过的人说，"某某某，你还不请我吃一顿，你少花了好几十块钱呢。"有时没有饭局就直接找到他人家里，弄得大家特别反感。从此之后，很少有人请他去帮忙了。

热心是件好事，但要分清别人是否真的需要你帮忙，有的人只是为了倾诉，为了获得人们的赞许。

武东比较热心工作，特别是在晚上的时候。每天早晨，同事进来的时候总是看到他一脸倦容，问之，答曰："昨天又加了一个晚上的班。"有位初来的同事非常热心地问："是否需要帮忙。"回答说："你帮不了忙。"弄得那位同事一头雾水，觉得领导交给他的任务一定是比较艰难的，领导肯定对他比较重视。后来其他同事告诉他，此时应该说："哎呀，你真辛苦呀，哎呀，做了这么多事情呀，你真能干！"

勿以善小而不为

平时那些看上去不起眼的小事，其实对于发展同事之间的关系会起到相当积极的作用。从一件小事，有时就能看出你对同事的重视程度。

于钢是刚刚从学校出来的，性格比较内向，有轻微胃病，不愿表现自己的意愿。一次，同事们一起出去吃饭，菜点的都是川菜，于钢心里虽然希望点几个青菜，但不好意思说。突然，点菜的同事问道："于钢，你吃川菜行吗？"于钢当时心里一下子热乎乎地，说道："来两个青菜吧。"这顿饭后，于钢很快与那位同事建立了深厚的友谊。

中国古代的大智慧家庄子讲过一个小故事，大意是说有一次庄子在路上听到呼救声，循着声音找过去一看，原来是一条小鱼在一滩马上就要干涸的水中跳着喊救命。于是，庄子就过去问小鱼发生什么事情了。小鱼说："请你弄一盆水来救救我。"庄子告诉小鱼说，没有问题，他这就到前面去引西江之水来救它。小鱼说："等你把西江之水引来时，就到干鱼店来找我吧。虽然那时你引来的水很多，可惜我已经等不到了。"

记得同事的生日，给同事一份惊喜；了解同事的爱好，给同事带来小礼品；出差的时候询问同事需要的东西，出差之后带一些特产给同事们分享；记住同事的忌口；约请同事到家中小叙，留心记住各位的口味，下次吃饭时说："某某某，这是你喜欢吃的鱼香肉丝"等等，以上这些，都是平常得不能再平常的小事，然而却可以使你获得以后成就事业人际关系的资本。除此以外，答应别人的事情，无论做得成与做不成，一定要给人家一个答复。同事之间委托要办的事，一般都是小事，没有办成的应该及时说明理由，或者补办。

特别是对于领导者，那些"小善"，或者说是细微之处的关心，比起那些堂而皇之地关心，显得更加自然，而使人感到是真情流露，往往更能得到下级的拥护。

尹老板自己开了一家私人公司，在下级的眼里，他就是残暴无情的人。一天，公司到外地举办一个活动。由于时间太紧，原定出差的43人中只拿到了39张火车票，剩下的4人改乘汽车。

傍晚，乘火车的尹老板及 38 名下属抵达目的地。酒醉饭饱之后，已经是晚上十时半。当大家议论着乘汽车的四名同事"为何迟迟不到"时（这四人都是二十五六的小伙子），尹老板拨通了公司值班室的电话，老李说："他们四个人很晚才动身的，有个别人还不想去……估计没有十一点到不了。"在场旁听的众人满以为尹老板会大骂一顿，发发老板的威风，不料却见他神情凝重地说："唉，都快十一点了，我真怕他们在路上再出点什么事，他们平常很少出门的。老李啊，如果他们的家属不放心打电话问你，你可要适当地安慰人家一下。"通话完毕，众人无不对尹老板另眼相看，深深为他关心下属的做法所感动，尤其这份关心出自如此一位年轻的老板之口。

细微之处更能看出人的性格和待人处世。美国总统罗斯福的每一封发出的信上都有一个手改的字和亲笔签名，许多人对于罗斯福的信号也都记忆犹新，就是因为受到重视，感受到亲切。尊重他人，无论是下属还是其他人，这样你才能获得尊敬。

替人表功获好感

很多同事都有自己的出色表现和引以为自豪的东西，只是这些表现有时不能够为领导或其他同事发现，此时如果你充当一个发现者的角色，同事会非常感激的。表面的赞美有时会令人很尴尬，但背后的赞美会收到奇效。不要担心别人不知道你为他做了些什么，世上没有不透风的墙。

庄晓峰比较热心，经常利用休息时间去看望邻居家的孤寡老人，帮助他们做事。在一年前，他递交了入党申请书。一天，他的同事王杰发现了这个秘密，回来后对其他同事装做不经意之中谈起这件事情。庄晓峰照顾孤寡老人的事情不胫而走，不久，公司党委鉴于其表现，同意接受庄晓峰为预备党员，并且任命他为公司团委书记。后来，他得知是由于王杰的"告密"才走上这条坦途的，对王杰心存感激，不久，王杰被任命为部门负责人。

有很多领导喜欢在背地里打听其他同事的情况，此时应该多加赞美。对于那些原来在领导心目中很普通的同事更应该如此。那么这样会不会使能力强的同事失宠呢，答案是否定的，领导自有自己的打算，你的话他只作为参考。

当领导当众批评了某位同事后，在有机会的条件下，与领导单独相处时，不妨在领导面前替他美言几句。领导毕竟了解有限，也许只了解到他的一面。

周力军在建筑装饰企业技术部工作，刚刚调来不久。由于机构改革，技术部管理技术的仅有两人（部门经理和他），恰在此时，部门经理住院。此时项目经理要求完成吊顶方案，适逢监理例会要求整个装修工程没有方案将予以停工，生产经理要求两天内拿出结果。周力军每天晚上 12 点睡觉，终于将工程方案按期完成，施工可以顺利进行。一天后，项目经理来问吊顶方案之事，答曰："还没有完成。"经理当时骂道："真笨，都好几天了，连个方案也没搞出来，你干吗去了。"说完，气冲冲地走了。事后，主管资料的同事在背后与领导说明了情况。由于周力军工作认真负责，不久被任命接替经理职务。他与资料员成了无话不说的朋友，不久资料员在他的帮助下完成了自己的愿望，去搞本专业工作，到施工项目上当了工长。

替同事表功，可以在不知不觉中改善了你的生存环境，获得了较和谐的人际关系网。

打了棒子给蜜枣

每一位员工都严格执行管理制度，是每一位领导所希望的。自己的下级都能够按照规章制度执行却是不切合实际的。特别是对于那些原来与自己一起创业的下级哥们更是如此。如何处理管理制度和人情的关系。将决定管理制度能否坚决地执行的问题。没有纪律的军队是打不了胜仗的，同样，一个纪律涣散的企业也是没有前途的。

西洛斯·梅考克是美国国际农机商用公司的大老板，有一次跟随了他20多年的老工人在岗位上酗酒被工头抓住了，请求处理，梅考克毫不客气地决定："辞退！"老工人很不服气，大骂梅考克："梅考克，在你贫穷的时候，三个月没有给我一分钱工资，老子我都跟着你，为你拼命。现在就为了这一点小事，就一点情面也不顾！"梅考克等他骂完了后说："我要是不顾情面，就不会被你痛骂了！"于是问了酗酒的原因。原来，老工人的妻子新亡，又留下两个幼子。一个不慎摔折了腿，另一个在饥饿中啼号。老工人极度痛苦，借酒浇愁，不想被工头发现。

"你呀，真糊涂；现在什么都不要说了，赶紧回家去，料理你老婆的后事，照顾孩子们要紧。"说着，从包里掏出了一沓钞票塞在他手里，老工人转悲为喜："这么说，你是收回辞退我的命令了？""不，不是这样，你已经被辞退，不可更改了。我想，你也不愿意让我留下话柄吧。但我不会让你走上绝路的。"梅考克既不让步又安慰道。事后，梅考克把那位老工人安排在自己的牧场当了总管家，老工人很感激，更加为他尽心卖命了。

不可以以人情代替规章制度，否则人人都不受纪律的限制，将会天下大乱。柳传志在创业初期，下属都是知识分子出身，都很讲究面子。由于工作较忙，开会时总是有迟到现象。后来立了一个规矩，凡是迟到者自己罚站10分钟。实行制度的头一天，他原来的一位老上级就迟到了，柳传志对他说："你老就站10分钟吧，晚上我到你家给你站着去。"通过严明的管理，联想集团终于成为中国的品牌集团，并走向了世界。"慈不能领兵，善不能理财"，只有严格遵守纪律，才能够发展，否则将会成为一盘散沙。

宽放与严格结合，这才是管理的最高境界。通过宽放来发挥员工的创造力，但是对于原则性、制度性的问题则必须严格。

排忧解难心连心

　　为别人分忧解难是为人处世的美德，作为领导，不能够只是靠自己的权威、权力来进行管理，工作实际上也是人与人的交流。在工作中，下属工作成绩的好坏直接影响到你的业绩，没有下属的成绩，也就没有你的功劳，在上级面前你就无法得到赏识。在生活中，要关心下属的生活，使下属能够稳定地工作。通过帮助下属，能够得到下属的信赖和忠诚，使企业产生凝聚力。

　　张师傅是一个有近30年工龄的年近50的老工人，在某陶瓷厂做"看火"师傅，技术熟练。近一年来因为患肝炎不能上班，厂长要解除他的劳动合同。这就意味着张师傅今后没有养老金和医疗保险。为此，张师傅四处奔走，就在走投无路的时候，制作车间的车间主任找到他，问明了情况，答应为他试一试。车间主任找到厂长说明来意，最后决定，让张师傅在自己的车间，由本车间全权负责。张师傅到了制作车间后，主任就要求他休假，工资奖金照发。同车间的工人很不理解，主任说："老工人工作了一辈子，为企业作了贡献，应该受到这样待遇。"

　　没有了心理压力，张师傅的病渐渐好了起来。恰在此时，公司实行改革，实行车间独立核算。车间主任由于对自己的部下不忍放弃，靠原来的做法就会赔本。张师傅向主任提出，发掘仿古瓷，创造效益。车间的老职工发动关系多的优势，通过自己的技术进行改造，终于使仿古瓷获得成功，其中"看火"张师傅的"火眼金睛"也传为佳话。后来，有很多私营的陶瓷厂高价聘请他，都被回绝了。

真正成功的领导者，不一定要在所有的方面都强过他人，关键是要具有宏观决策能力，就能团结和支配比自己更强的力量。对领导来讲，大部分求助是迫于无奈的。对于自己的下属来讲，向自己的领导求助，感觉好像自己是低能儿，怕被领导回绝，在张口前都经过反复思量和思想斗争。此时如果你主动提供合理的帮助，无异于雪中送炭。

喜人所好消敌意

有些人天生敏感，对于同自己能力相仿的人，总是觉得别人看不起自己，因此就总是在暗中处于与他人为敌的状态，是一种敌对的心理。如果你也以相同的心态对待他，那么，你的前进路上就会多出一堵墙。但如果利用他的爱好打开他的缺口，消除他的敌意，就会彼此惺惺相惜，成为好朋友。其实，交朋友就是一层窗户纸。

本杰明·富兰克林年轻时把所有的积蓄都投资在一家小印刷厂了。他又想办法使自己当选为费城州议会的文书办事员。这样他就能获得为议会印刷文件的工作。但议会中一个最有钱最能干的议员却非常不喜欢富兰克林，甚至公开责骂他。这种情形对富兰克林取得文书办事员的职位极为不利。富兰克林决心使对方喜欢他。通过有关渠道了解到议员的图书室里藏有一本非常稀奇而特殊的书，富兰克林就给他写了一封便笺，表示特别想看看这本书，请求他把那本书借给他看几天，仔细地阅读一遍。议员马上叫人把那本书送来了。过了大约一个星期的时间，富兰克林把那本书还给议员，还附上一封信，强烈地表达对他的谢意。

于是，下一次当他们在议会里相遇的时候，他居然跟富兰克林打招呼（他以前从来没有这样做过），并且极为有礼。从那以后，他随时乐意帮富兰克林的忙，于是他们两个成为好朋友。

对于抱有敌意的人，主动出击，就会消除其内心的隔膜，双方在坦诚相待之后，心有所感，成为知心的朋友。

中辑

精做事

精通大事小事的深学问

什么叫"精"？就是利用最短的时间最有效地做最有效力的事情。精明人善为此道，因为他们心中的胜算筹码很高，不轻易出手，一旦出手，便会有风起云动之势，让自己一步登上成功的平台。不管你做什么事，全在于一个"精"字，而不在于一个"滥"字上。

第 3 章
变中有进：抓住古代变者的谋事之法

　　一个"变"字，奥妙无穷，它能化被动为主动，化不利
为有利，从柳暗花明处寻觅到一条非常快捷的成功之径。

根据角色需要变脸谱

　　月有阴晴圆缺，脸有喜怒哀乐。脸色是内心的表达，是内心的晴雨表。不同的人脸色不同，是因为心事不一。在古代，为人处世，需要应付各种各样的人，所以只有一手是不行的，必须做到红脸白脸都能唱，也就是一文一武、一软一硬，既刚柔相济，又恩威并施，相互包容，各展所长。《菜根谭》说：任何一种单一的方法只能解决与之相关的特定问题，都有不可避免的副作用。对人太宽厚了，便约束不住，结果无法无天；对人太严厉了，则万马齐喑，毫无生气。有一利必有一弊，不可

能两全。

高明的人深谙此理，为避此弊，莫不运用红白脸相间之策。有时两人连档合唱双簧，一个唱红脸，一个唱白脸；有更高明者，可像高明的演员，根据角色需要变脸谱。

东魏独揽大权的丞相高欢临死前，把他儿子高澄叫到床前，谈了许多辅佐儿子成就霸业的人事安排，特别提出当朝唯一能和心腹大患侯景相抗衡的人才是慕容绍宗。说："我故不贵之，留以遗汝。"当父亲的故意唱白脸，做恶人，不提拔这个对高家极有用处的良才，目的是把好事留给儿子去做。

高澄继位后，照既定方针办，给慕容绍宗高官厚禄，人情自然是儿子的，慕容绍宗感谢的是高澄，顺理成章儿子唱的是红脸。没几年，高欢的另一个儿子、高澄的兄弟高洋登基成了北齐开国皇帝。这是父子连档，红白脸相契，成就大事之例。朱元璋上台也想把这出红白脸之戏再演一回，可惜太子是一个心慈面善之人，他见父亲朱元璋大开杀戒，诛杀开国有功之臣，时常苦劝。为教育儿子，一天朱元璋准备了一个满带荆棘的木杖，扔到地上，叫太子去那里拿起。太子显得为难，朱元璋得意地教训他说："你拿不了吧。让我把刺儿先替你修剪干净，再传给你，这难道不好吗？我如今所杀之人，都是天下最危险的人。把这些人除掉，传给你一个稳稳当当的江山，这是你的福分。"没想到太子并不领情，还说："上有尧舜之民。"这话在我们听来是很有道理的社会互动理论，但在朱元璋听来，却是百分之百的屁话，气得他操起坐着的竹榻，向儿子砸去，两人你追我赶地在深宫大院中闹将起来，也顾不得什么体统和尊严了。儿子没等登基就死了，等到朱元璋长孙即位后，满朝的能人都被斩尽杀绝，实在找不出"带荆棘"的人来对付燕王朱棣的"靖难之师"了。朱元璋的白脸唱过了头，后边的红脸也就无法唱了。

由此看来，要善于变化不同的脸色，既要有丰富的阅历，又要有很高的技巧，真正演好它需要花很大的工夫。从上面的故事中，我们可以发现：精做事者，总是不断地因变换心事而变换脸色，以便应对各种可能出现的特殊情况。这种变脸角色，令人想到川戏变脸，那急如闪电的改换面具的招数令人叫绝。怎样变脸，才不为人察觉，这可是一门学问。

以软招打开局面

做人办事常有软招与硬招之分，所谓软招，即以软碰硬，用智力制服对手；所谓硬招，即以硬碰硬，靠蛮力制服对手。在人生舞台上，有些事情，是完全可以用软招打开局面的。对于宋太祖赵匡胤来说，"杯酒释兵权"即为其拿手的软招之一，正是借此打开了自己的人生局面。

宋太祖即位后严酷的事实摆在他的面前，如何使新建的宋王朝不重蹈覆辙，不成为继后周之后的第六个短命王朝，如何革除藩镇专横骄恣的习性，如何实现宋王朝的长治久安，这些问题时刻萦绕在宋太祖的心头，使他食不甘味，睡不安枕，不得一笑脸，唯恐大乱和不幸即刻降临在自己的头上。节度使李筠和李重进的相继叛乱，进一步证实了危及宋王朝及皇位安稳的危险因素——藩镇势力必须及时清除。

怎样清除呢？平定李筠、李重进叛乱之后不久，宋太祖召来赵普商议此事。宋太祖问赵普："天下自唐朝末年以来，数十年间，帝王共换了八姓，战争不息，生民涂炭，这是什么原因呢？我想消灭天下战争的火焰，实现国家的长治久安，应该采取什么办法呢？"赵普听到太祖提出这个问题，显得十分高兴，他说："陛下考虑到这个问题，真是国家和人民的福气。那些战争和动乱的发生没有其他原因，主要是由于藩镇权势太重，君弱臣强造成的。今天要想解决这个问题，也没有什么奇巧之谋，只需要削夺他们拥有的权力，控制他们拥有的钱粮，收夺他们拥有的精兵。做到了这几点，天下自然就安定了。"还没有等赵普把话说完，宋太祖就连忙接过话茬，说："你不必再往下讲了，我完全明白了。"接着，宋太祖花了相当大的精力来实现赵普所提出的削压其权、制其钱谷、收其精兵的战略策略。其中最为紧迫的是兵权问题。

五代乱世，谁拥有实力最强盛的兵力，谁就可以当皇帝。其中禁军的向背，往往成为政权兴亡的决定性因素。后唐明宗李嗣源、末帝李从珂，后周太祖郭威都是由于得到禁军的拥戴登上皇位的。宋太祖即位前，曾协助郭威夺取政权，后来由于战功卓著，军职步步高升，直至被任命为殿前都点检，掌握了禁军最高指挥权。他利用自己的威信和所处的优越位置，轻而易举地取代了后周政权，当上了宋王朝的开国皇帝。"兴亡以兵"，对于宋太祖而言，算是亲身体验了一番。宋太祖不愧为义气之辈，即位后不久，为了酬谢部下的拥戴之功，特地晋升了一批亲信为禁军的高级将领。石守信为归德节度使、侍卫马步军副都指挥使，高怀德为义成节度使、殿前副都点检，张令铎为镇安节度使、马步军都虞候，王审琦为泰宁节度使、殿前都指挥使，张光翰为宁江节度使、马军都指挥使，赵彦徽为武信节度使、步军都指挥使。

但宋太祖是个明白人。这些手握重兵的高级将领终究是自己皇位的潜在威胁。太祖即位之初的一段时间里，只要听说节度使尤其是边镇节度使有"谋反"的迹象，他都要派人前往侦察，探听虚实，看是否有谋反迹象，以便采取措施。这从一个侧面表明宋太祖对手握兵权的武将很不放心。

事实上，宋太祖在赏赐这些将帅拥戴之功的同时，就已逐步采取措施抑制他们兵权的过分膨胀，重要军职频繁换人，并借机罢黜一些将领的兵权。平定李筠叛乱后，命令韩重代替张光翰为侍卫马军都指挥使，罗颜和代替赵彦徽为侍卫步军都指挥使。

第二年，殿前都点检、镇宁节度使慕容延钊罢为山南东道节度使，侍卫亲军马步军都指挥使韩令坤罢为成德节度使。侍卫亲军马步军都指挥使由石守信兼任，太祖自己担任过的殿前都点检从此不再除授，这个职位等于自行消灭。实施这些军职的人事变动，意在安排自己的心腹和亲信担任最重要的职位，像韩重、石守信是太祖义社十兄弟的成员。不过，对宋太祖来说，军权都掌握在自己的心腹和亲信手里，是不是就算高枕无忧了呢？或许宋太祖是这样盘算的。

赵普作为太祖的股肱大臣，却不这样认为。赵普思考问题更深入更透彻。宋太祖之所以转瞬之间夺取了政权，靠的正是自己一帮亲信兄弟的拥戴。登上皇帝宝座的宋太祖一方面不能亏待了这帮兄弟，另一方面也不能不时刻提防着他们。怎样安排，才能既使他们心悦诚服地拥护太祖加强集权，又不至于引起怀疑而发生意外和变乱呢？赵普曾一再就这些问题提醒宋太祖，建议采取必要措施解决这些问题，以免重蹈前代"兴亡以兵"的覆辙。

一开始，颇重义气的宋太祖一直认为掌管禁军的功臣宿将如石守信、王审琦等人不会威胁自己的统治。所以赵普多次建议将石守信、王审琦等人调离禁军，改授其他官职，宋太祖始终没有同意。他向赵普解释说："石守信、王审琦这些人一定不会背叛我，你不必多虑了！"

这次，赵普再也沉不住气了，他就此话题开导宋太祖说："我的意思并不是害怕他们本人会背叛你。然而，我仔细观察过，这几个人都缺乏统御部下的才能，恐怕不能有力地制服所率军队，万一他们手下的士兵作乱生事，率意拥立，那时候就由不得他们自己了。"经赵普这样直接的点拨和提醒，宋太祖终于联想起五代以兵权夺取天下的事例，尤其是不久前自己亲身经历的那场陈桥兵变，从而逐渐意识到这个问题的严重性，解除禁军统帅的兵权不能再拖延下去了。

这年七月初的一天，宋太祖如同往常一样，召来石守信、王审琦等高级将领聚会饮酒。酒酣耳热之际，宋太祖打发走侍从人员，无限深情地对功臣宿将们说："我如果没有诸位的竭力拥戴，绝不会有今天。对于你们的功德，我一辈子也不能忘记。"说到这儿，宋太祖口气一转，感慨万端，说："然而做天子也太艰难了，真不如做个节度使快乐，我长年累月夜里都不能安安稳稳睡觉啊！"

众将领不知宋太祖的意图，就问："陛下遇到什么难事睡不好觉呢？"

宋太祖平静地回答说："其实个中缘由不难知晓，你们想想看，天子这个宝位，谁不想坐一坐呢？"石守信等人听到昔日的结义兄弟、今日的天子说出这番话来，不禁惶恐万分，冒出一身冷汗，宴会的气氛立即紧张起来，他们赶紧叩头说："陛下怎么说出这样的话呢？如今天命已定，谁还敢再有异心！"

宋太祖接过话头，阴笑着说："不能这样看，诸位虽然没有异心，然而你们的部下如果出现一些贪图富贵的人，一旦把黄袍加盖在你们身上，你们虽然不想做皇帝，办得到吗？"与会将领这才转过弯来，终于明白了宋太祖的真实意图，于是一边涕泣大哭，一边叩头跪拜，说："我们大家愚笨，没有想到这一层上来，请陛下可怜我们，给我们指出一条生路。"宋太祖见状，知道时机成熟，趁势说出了自己经过深思熟虑的想法，又阴笑曰："人生短暂，转瞬即逝，就像白驹过隙，那些梦想大富大贵的人，不过是想多积累些金钱，供自己吃喝玩乐，好好享受一番，并使子孙们过上好日子，不至于因缺乏物什而陷入贫穷。诸位何不放弃兵权，到地方上去当个大官，挑选好的田地和房屋买下来，为子孙后代留下一份永远不可动摇的基业，再多多置弄一些歌儿舞女，天天饮酒欢乐，与之一起愉快地欢度晚年。到那时候，我再同诸位结成儿女亲家，君臣之间互不猜疑，上下相安，这样不是很好吗？"石守信等人听太祖这样一说，惊慌恐惧之态逐渐消失，感恩戴德之情油然而生，于是再次叩头拜谢说："陛下为我们考虑得如此周全，真可谓生死之情，骨肉之亲啊！"第二天，石守信等功臣宿将，纷纷上书称身体患病，不适宜领兵作战，请求解除军权。宋太祖十分高兴，立即同意他们的请求，解除了他们统率禁军的权力，同时赏赐给他们大量金银财宝。命令侍卫马步军都指挥使、归德节度使石守信为天平节度使，殿前副都点检、忠武节度使高怀德为归德节度使，殿前都指挥使、义成节度使王审琦为忠正节度使，侍卫都虞候、镇安节度使张令铎为镇宁节度使。这些功臣宿将都罢黜了军职，只剩下一个徒有虚名的荣誉头衔——节度使。

宋太祖在赵普的谋划下实施的这一成功解除功臣宿将统率禁军权力的事件，史家称之为"杯酒释兵权"。宋太祖没有沿用历史上一些君主惯用的屠杀功臣的办法来解决问题，是因为他对那些同自己一道出生入死、患难与共的兄弟们的友情尚未泯灭，不好遽然对他们大开杀戒。采取这种和平方式让他们交出兵权，是各位将领在感情上愿意接受的，既有利于安定人心，巩固统治秩序，又有利于进一步强化军权的集中，推进军事改革的深入。否则，这些将领就不会轻而易举交出兵权，那样可能导致流血冲突。

这个问题的另一方面也不可视而不见。宋太祖"杯酒释兵权"的成功运用，是以牺牲国家和人民的经济利益为代价的，实际上是一种经济赎买政策。在这种政策的导向下，从宋太祖时开始，武将掠夺土地、经营牟利、聚敛财宝的风气就已形成，并且逐渐盛行。如石守信"专务聚敛，积财巨万"。这些将领在罢解兵权后，大多郁郁不乐，便把心思用在积累财货、购置土地、蓄养奴仆、寻欢作乐上面。宋太祖对此一般是听之任之。在他看来，只要他们不危及皇权统治就行。这种政策和心态影响到宋王朝几百年的政治。整个宋朝除了少数将领如岳飞等人外，大多数将领都带头兼并土地、行贿受贿、贪财黩货，这显然与宋太祖为了解除武将的兵权而倡导的醉生梦死的人生观是有联系的。

宋太祖说话算数，履行了与功臣宿将结为亲家的诺言。在"杯酒释兵权"之前，太祖寡居在家的妹妹秦国大长公主（燕国长公主）嫁给了忠武节度使高怀德。张令铎罢军职为镇宁节度使，太祖亲自牵线搭桥，让张令铎的三女儿做了皇弟赵光美（廷美）的夫人。开宝三年（公元970年），太祖长女昭庆公主下嫁王承衍。两年之后，太祖第二个女儿延庆公主下嫁石保吉。王承衍、石保吉何许人也，何能做皇帝的女婿，原来他俩分别是曾与太祖结为兄弟并在"黄袍加身"过程中起过重要作用的高级将领王审琦、石守信之子。

与功臣宿将结为亲家，一方面显示彼此亲密无间，另一方面隐藏着同舟共济的美愿。太祖这样做，显然是出于政治因素的考虑，这种政治婚姻有利于新建立的宋政权迅速趋于稳定。同时在"共保富贵，遗其子孙"的思想指导下，太祖大肆赏赐亲家儿女，他们自己也拼命聚敛财富传给后代。久而久之，其不利影响便日益暴露出来。

在石守信等掌握重兵的禁军将领被解除兵权的同时，其所担任的职位没有再补充人选，实际上是撤销了这些职高位重的职衔。如任命慕容延钊为节度使时，就乘机除掉了殿前都点检这个最重要的禁军职位。任命高怀德为节度使时，又撤除了殿前副都点检一职。石守信刚开始出任节度使时，还挂着个空名军职，不久被解除，于是侍卫马步军都指挥使一职也被取消。加上先前石守信升任侍卫亲军马步军都指挥使一职后，副都指挥使没有除授，实际上空缺。这样，禁军殿前司和侍卫亲军司两司的高级将领大多离任，职位也大多空缺。剩下的几个职位，有的由庸才担任，如殿前都指挥使韩重，就是因为他平庸无谋，容易控制，担任此职长达六年之久。既然平庸无谋，当然不可能率兵征战。韩重虽然处在殿前都指挥使的职位上，但没有率兵打过仗。这期间，他先后负责过修筑皇城、整治洛阳宫殿、堵塞黄河决口等事宜，就是没有他率兵出征的记录。

有的由资历粗浅者担任，如殿前都虞候张琼是在前任皇弟赵光义兼任开封尹后，由内外马步军都头越级迁升的。他性情暴戾，不久被人诬告不法而被赐死。侍卫亲军司的两位将领刘光义、崔彦进无论是才能还是威望都远在前任高怀德等人之下。

由于侍卫亲军司正、副将领职位都不设置，又没有兼任的统帅，于是侍卫亲军司逐渐分裂为侍卫马军司和侍卫步军司，加上殿前司，合称"三司"，又称"三衙"。殿前司设殿前都指挥使，侍卫马军司设侍卫马军都指挥使，侍卫步军司设侍卫步军都指挥使，即所谓的"三帅"。禁军由三衙的三帅分别统率，互不隶属。这样总领禁军的全部权力就集中到皇帝一人手中。三衙鼎立改变了过去由禁军将领一人统率各军的体制，先把兵权分散，而后再集中于皇帝。这种由分散到集中的军事体制，保证了皇帝对军队的绝对领导权。

三衙统领禁军，只是统管禁军的训练等事项，而没有指挥调动军队的权力了，禁军的调遣和移防等指挥调动权归枢密院管辖。枢密院设枢密使和枢密副使，拥有调兵权，但不能直接统率帅士兵。这样，握兵权和调兵权分开了。遇到战事需要派禁军出征，必须有枢密院签发的虎符为凭。出征士兵的将帅不是管军的三衙将领,而是临时委派的其他官员。

宋太祖采取这样的措施分散禁军的兵权,从体制上断绝了唐末五代那种将领和士兵长期结合而形成的"亲党胶固"的关系,有效防止了武将发动兵变的可能性。无论是将领个人,还是有关部门,都不可能拥兵自重,都不可能凭军权对皇权构成威胁。

从成功学角度看,赵匡胤的软招可谓四两拨千斤,不见刀剑,却比刀剑更厉害!

拿出攻守转换的绝招

在为人处事的过程中,如何才能让人心服口服呢?其绝招何在?不同的人有不同的答案。但是有一点却可以肯定,就是必须有解决问题的眼光和能力,把攻守转换发挥到淋漓尽致的程度,让可用的人真心产生佩服感,恩威并施者往往可获大胜。

明成祖朱棣虽然以武力起家,但他更重视用道德教化来稳固统治,他主张恩威并施,使人心服口服,从而获得大胜局面。明太祖治理南方地区,虽有武功以定天下,文德以化远人和四海一定,以德化为本的思想,做了许多文治的工作,但晚年失之于急躁,如在鄂西急于废除土司制,留下了不少问题。成祖即位后,在首重北边的前提下,也解决了一些南方的治理问题。

沐氏镇云南，开始于洪武时沐英、沐春父子。沐春死后，其弟沐晟继续镇守云南。沐晟与封在昆明的岷王不和，成祖了解此矛盾后，徙封了岷王。沐晟请加兵讨车里（云南南部以景洪为中心的大片地方），成祖多次下敕文责沐晟政事烦扰，号令纷更，要求沐晟怀柔车里，不可轻易兴兵，注意云南民族地区的安定。洪武时期，由于贵州的水西女土官奢香向往中原文化和太祖对贵州的招抚政策得当，奢香"开赤水之道，通龙场之驿"，贵州与外界的联系加强。成祖即位后，命熟悉贵州情况的大将镇远侯顾成守贵州。因顾成是一介武夫，成祖一再告诫他不可穷兵黩武，喜功好事，而应该老成持重，顺情而治。后因贵州思州、思南二田姓土司互相仇杀，禁之不止，成祖乃密令顾成携精干将校潜入，将二田姓土司擒拿，贵州改土归流的条件成熟。于是在永乐十一年（公元1413年）设置了贵州布政司，从此贵州作为一个省区成为明朝的组成部分。

镇守广西的韩观是行伍出身，因军功出任广西都指挥使多年。靖难期间，建文帝调韩观练兵德州，用以对付燕师。成祖即位后，丝毫不计较韩观的这段经历，仍任用韩观镇守广西，佩征南将军印节制广东、广西两个都司。韩观性凶狠、嗜杀，成祖赐玺书告诫韩观，强调以德抚广西，"杀之愈多愈不治"，"宜务德为本，毋专杀戮"。韩观却自恃老于桂事，陈兵耀威，号称"威震南中"。由于韩观抚兵乏术，务德无方，杀戮太过，颇违成祖德化之意。但也应看到，在韩观镇守广西期间，广西境内较为安定，这客观上有利于广西经济的发展。至于被太祖晚年因急躁处理而遗留的若干南方交通不便地区的民族问题，成祖均给以补救，在那些地方恢复土司设置，使之与朝廷关系正常化。如设置贵州西部的普安安抚司，恢复因吴面儿反抗而废去的古州、五开为中心湘黔交界处的湖耳等14个蛮夷长官司和鄂西、思州、九溪等土司。

上述事为明成祖之攻守转换之一，再看一例：

明朝洪武、永乐年间，社会经济恢复发展，造船工业规模扩大，分工细密，技术高超，传统的航海知识和物资大量积累，这些都为郑和远航提供了良好的条件。中国的丝绸、瓷器受到海外诸国青睐，海外的染料、香料、珠宝等又为中国所需求，这给了郑和下西洋发展海外贸易以有效的刺激。

永乐三年（公元1405年），一支15世纪全世界无与伦比的庞大舰队，乘着强劲的东北季候风，浩浩荡荡离开了中国的东海岸，率先驶向了浩瀚的太平洋，这就是明成祖派出的郑和第一次下西洋。人们至今对郑和下西洋的目的猜测纷纭，或者说是毫无经济目的纯而又纯的政治大游行；或者说是国内经济发展的需要；或者说是为了寻找政敌，即不知所终的建文帝；或者说因为夺嫡"篡位"，国内人心不附，故锐意通海外，召至万国来朝并从而促进其在国内统治地位的稳固。但是这全面体现了明成祖在更大范围内攻守转换。

总之，明成祖攻守转换之计是以心中之数为基础的，表现在：一治内防外：明成祖朱棣是明朝的第三代君主。明朝江山虽然由明太祖朱元璋励精图治，但依然满目疮痍，经济尚未复苏，统治集团内部危机四伏，边疆民族动乱时有发生等等，所有这些，对明成祖都是一个严峻的考验。

事实证明，明成祖不愧为一代名君，他迅速地操纵了明初的残局，并且屡屡推出重大举措，如修万里长城、委派郑和下西洋等等，均在历史上留下深远的影响。

二是用人做事：如果深入考察明成祖的攻守转换智慧和方略，不难看出明成祖有一个最突出的特点，也就是看准大才的力量，也盯准小人的伎俩，把"大才"与"小人"区分开来。明成祖深知操纵攻守转换需要大才，因此千方百计寻找大才，并对大才委以重任，从而最大限度地发挥了关键人才和重要人才的作用。很多人对于"心中有数"这个词只知其表，而不知其里，它实则是一个人成大事的基础，是攻守转换之始。

通过明成祖之例，我们可以发现，要想成就大事就必须有几招过硬的技巧在手。

经得起磨炼，才能谋大事

凡是有胆量、敢于磨炼自己的人，一定是能够正确认识自我、挑战自我的人。因此成功学强调：一个人不能吃苦，不愿磨炼自己的胆量、意志和品性，是无法超越自我的。

张良，字子房。父亲去世的时候，张良年纪尚小，还不到做官的年龄，等到张良大了之后，韩国已经灭亡，因此张良在韩国并没有担任过官职，虽然如此，张良依旧立下誓言，立志为韩国复仇。张家世代为相，是个很有权势的世家，据史书载：就在张良成人时，家童仍有三百人。但张良生活非常俭朴，弟弟不幸夭亡，张良为弟弟操办丧事时却不愿有丝毫的浪费，省下钱财的目的就是为了寻访刺客刺杀秦始皇。为了不走漏消息，他就避开居住地，到了很远的齐地去搜寻，找了很长时间依然没有头绪，后来经人指点，找到了新罗一带的一个酋长，经过他的推荐，用重金求得了一位力大无比的勇士，善使飞椎，这对刺杀处于层层护卫下的秦始皇来说，是最理想的方式了。

为了锻炼刺客的臂力，张良专门铸造了一个重一百二十斤的铁锤，这位大力士日夜操练，把这柄铁锤舞得呼呼风响，运用自如，专等行刺的良机。正好这一年，秦始皇第二次东巡，声势浩大，举国皆知。张良预计到秦始皇的车队必然要从博浪沙经过，那里地处偏僻，是一片大沙滩，两旁的草非常深，正是行刺的好地点，就带了大力士潜伏在驿道旁的草丛中。等到秦始皇的车队浩浩荡荡地到来时，他们就紧张地寻觅秦始皇乘坐的龙车，在他们认为看准了之后，大力士用上浑身的力气甩出铁锥，照着那辆龙车砸了下去，立刻把那辆龙车砸得粉碎，然后分头逃跑。

令张良没有想到的是，狡猾的秦始皇早有提防，他采用的是尉僚的办法，即出巡的时候，采用若干辆与自己所坐的车一模一样的副车。埋伏在远处的二人，只好想当然地认定一辆，虽然飞椎很准确地击中了目标，却是替身所乘坐的副车。这件事，令秦始皇非常恼怒，他下了诏令，在全国搜索这个刺客。

刺杀行动失败之后，张良隐藏在下邳，读兵书、交朋友，苦苦等待时机。张良及其朋友们本身的文化素质较高，军事斗争经验丰富，好多都是出身将门，有的本身就是出身政治世家。在古今社会中，无论政治斗争也好，军事斗争也好，说到底，最根本的是人才的竞争。只有同这些敢于斗争、善于斗争的军事、政治方面的人才结合起来，起义军的斗争胜利才能得以保证。

刘邦所缺的正是张良这样的人才。说起张良的发迹，还有这么一个小故事：张良在下邳居住的时候，经常到民间去体察世情，看一下老百姓的生活状况。这天，张良无事可做，信步走到一座小桥上观风景。没有注意到有一满头白发、身穿粗布衣服的老者慢慢走上桥来，当他经过张良身边时，有意无意之间把鞋掉在桥下。

然后很不客气地对张良说"小伙子，下去给我把鞋捡上来！"张良感到很纳闷，我与此人素不相识，他怎么能用这种口气对我说话，这样做太没有道理了。继而转念一想：他反正这么大年纪了，尊老敬老是读书人的美德，就劳动自己一回吧。张良很快把鞋取了回来，要递给老者，老者不接，却坐了下来把脚抬起来，对张良说："给我穿上！"鞋都已经捡了，再给你穿上又有什么关系，五十步笑百步而已，张良这么想着，就恭恭敬敬蹲下身子，把鞋给老者穿上。老者看张良这么谦恭，很满意，穿上鞋以后，对张良笑了一下，一个字都没说，起身走了。

由于老者的行为太反常了，张良开始觉得老者有什么地方与众不同，但又不能确定，就远远地在老者身后随行。走了一段路之后，老者转回身来，对张良说："孺子可教也，我老人家有心栽培你，五天以后，天明的时候，你来这里等我。"

过了五天，天刚刚亮，张良依照约定出现在桥头上，没想到，老者已经在那里等他了。老者非常生气地对他说："与长辈相约，你却来这么晚，太没礼貌了！五天后你再来吧。"过了五天，鸡叫头遍，张良就急忙出门，赶到桥头，老者却比上一次到的时间还早，一见张良，他就生气地质问："你又来晚了，回去吧，再过五天再来！"张良暗自惭愧，什么话也说不出，唯唯诺诺地答应了。又过了五天，张良根本不敢入睡，在深更半夜就来到桥头等候老者。过了好大一会儿，老者姗姗而来，看见张良已到，就高兴地说："跟老者约会，这样子就对了。"老者说完之后，拿出一本书对张良说："你要努力学习这本书，如果能够掌握它，你会成为王者之师，十年必有大成，可以佐王兴国；十三年后，你到济北来看我，谷城山下的黄石就是我。"说罢，转身而去。张良知道碰到了神仙，赶快跪下向老者行大礼，但转眼之间，老者就已经不见了。

天亮后，张良仔细翻看这本书，发现竟然是《太公兵法》，这是周公姜子牙辅佐周武王时的兵书，他觉得这是上天在点化他，赶快跪下，拜谢苍天。从此后，他就日夜研读，不敢丝毫懈怠，直到烂熟于心，能够熟练地运用才休。

后来，张良在13年后，随着刘邦视察济北，便到了谷城山下去看，在那里果然有一块黄石，他就把它取回了家，祭祀下来，并且在他死之后，还与这块黄石一同下葬。

一边挺身，一边图大事

平庸的人从来得不到他人的议论，而干出一番大事业的人必然毁誉不一。尤其是那些敢于挺身而出，且执有己见的人，更是如此。曹操谋权并用坦诚与权诈，故为能臣与奸雄，所以，许劭评曹操是"治世之能臣"与"乱世之奸雄"。但总的来说，他是敢于挺身而出的强者！

青少年时的曹操在世人眼中看法就颇为不同。有关他的为人品性，很为许多时人所不屑，认为他是朽木不可雕也。但也有完全相反的评价：说他与众不同，将来必成大器。如为当时俊杰的汝南王俊曾说曹操"定天下者，舍足下而谁"？南阳何颙，见了曹操，也曾叹道："汉家气数将终，得天下者，必斯人矣。"还有颍川李瓒，乃党人首领李膺之子，曾为东平相，临终时对儿子李宣说："国家将乱，天下英雄无能胜曹操。张邈是我的好友，袁绍是你的外亲，但不可投，只可投曹操。"嘱子照办，果然应验。

同一曹操，时人看法如许不一。无论作风、性格、精神大抵英雄见其神武、德者见其奸诈、智者见其权变、厚者见其忌刻……或者这就是许劭的千古"定评"："子治世之能臣，乱世之奸雄。"一治一乱，一能一奸，因时而变，料定曹操既流芳千古，又遗臭万年。但是曹操自己的所作所为，通常是"不管身后事"。如曹操在政治方面，为了取得自己的优势，不避奸臣之名，力行"挟天子以令诸侯"之策，把汉献帝当作一面旗帜以号令天下。在待人处事方面，也不忌暴露一种权诈风格。如曹操曾对人说:"谁欲害我,我就会心跳。"为证明这一点,他叫一侍从官:"你身上藏着刀来到我身边,我就会心跳得厉害,然而抓住你,从你身上搜出刀。假若我惩罚你,你别说是我要你干的,我会厚赏你的!"侍从官照办,结果免不了被杀头。

自建安元年(公元196)后,献帝完全落入曹操的掌握之中,曹操对自己代汉的意图,却一直是讳莫如深的。献帝都许前后,侍中太史令王立曾多次对献帝说:"天命有去就,五行不常盛,代替火德的是土德,承继汉位的是魏,能安天下的是曹姓,只要委任曹氏就行了。"曹操听说此事后,让人带话给王立,说:"知道你忠于朝廷,然而天道深远,希望你不要多说!"曹操其时羽翼未丰,对于这一类称说天命的言论,自然不能不采取慎之又慎的态度。

随着献帝傀儡化程度的不断加深,曹操代汉的意图也暴露得越来越明显,这招来了他的政敌的不断攻击,如周瑜骂曹操是"托名汉相,实为汉贼",刘备说曹操"有无君之心",说他"欲盗神器"。如果任其自然而不加以辩解,曹操不仅可能丧失"挟天子以令诸侯"的政治优势,而且可能会成为四方诸侯"清君侧"的对象;内部的拥汉派势力也会起来反对自己。赤壁之战遭受挫折后,开始形成天下三分的局面,刘备、孙权虎视眈眈,以马超为首的关中诸将心怀疑贰,成为曹操的心腹大患。在这种情况下,内外政敌乘机加强了宣传攻势,说曹操有"不逊之志",企图动摇他的政治基础,有人甚至干脆要求曹操交出兵权,以削弱曹操的政治实力。为了反击政敌,安抚内部的拥汉派势力,继续保持自己"挟天子以令诸侯"的政治优势,曹操不得不将自己代汉的意图进一步深藏起来，而特别强调自己对于汉室的忠心。

建安十五年（公元 210）十二月，曹操特地为此下了一道《让县自明本志令》。令文篇幅较长，大体上可以划分为四个部分。第一部分从自己二十岁时被举为孝廉写起，说当时因自己不是隐居山林的知名人物，担心被世人看作平庸之辈，因此只打算做一个有作为的郡太守，以此扬名于世。后遭豪强忌恨，称病回乡，避世隐居。被征召为都尉，又升任典军校尉后，志向有所扩大，但也只是想封侯做征西将军，死后好在墓碑上刻上"汉故征西将军曹侯之墓"几个字。总之，旨在表明自己从年轻时起就志望有限，而且只想匡时济世，为国立功，并没有什么个人野心。第二部分回顾举义兵、讨董卓以来的经历，说明在起兵之初志望仍是很有限的，后来实力有所增强，又成为遏制袁术称帝的力量，同时为国家、为大义甘冒艰危消灭了袁绍、刘表，从而平定了天下。如今身为丞相，作为臣子，地位的尊贵已达到极点，已超过了原有的志望。言外之意是，自己不会再有什么野心了。最后结上一句："假使国家没有我，真不知会有多少人称帝，多少人称王。"意谓自己为阻止别人称帝称王做了不少工作，既不准别人称帝称王，自己又怎么会去称帝称王呢？

第三部分正面表明自己忠于汉室，并无"不逊之志"。先以春秋时齐桓公、晋文公兵势强大但仍能尊奉周室自比，继以周文王得到了天下的三分之二、但仍然臣服弱小的殷朝自喻，接着表达了对于乐毅和蒙恬的深切感佩之情。乐毅是战国时燕昭王的大将，曾率燕、秦、赵、韩、魏五国军队攻下齐国七十余城。但昭王死后，遭到昭王之子惠王的猜忌，被迫逃往赵国。蒙恬是秦始皇时的名将，率大军北击匈奴，但秦始皇死后，却被丞相赵高和秦二世胡亥逼迫自杀。但即使在这样的情况下，他们仍然忠于燕国、秦朝。曹操列举两例，意在说明自己一来世受汉恩，二来汉又无负于己，那么自己对于汉室的忠心，就更是毋庸置疑的了。接下来，曹操进一步说明自己得到汉室信用已经超过三世，自己对于汉室的忠心，不仅要对世人宣说，还要通过妻妾去向别人宣说，并称这些都是自己的肺腑之言。最后还引了周公金縢藏书的典故，来说明自己何以要如此不厌其烦地表明心迹。"金縢"是一种用金属封口的柜子。《尚书·金縢》载，周武王病重，周公向祖先祷告，愿代武王身死，祷毕将祷词藏在金縢之中。武王死后，成王年幼，周公摄政，其弟管叔造谣说周公将取代成王，周公为避嫌而出居东都洛阳。后成王打开金縢发现了祷词，知道周公忠诚，又迎回了周公，让他重新执政。曹操在这里以周公自比，说明自己写这篇文章的目的就像当年周公存金縢之书以备考查一样，是为了消除人们的疑虑和误解。第四部分针对政敌的攻击，斩钉截铁地表示：他不能放弃兵权，回到他的封地武平侯国去，这既是出于对自身和子孙安全的考虑，也是出于对国家安全的考虑，他不能"慕虚名而处实祸"。不仅如此，他还打算接受朝廷对三个儿子的封爵，以此作为外援，作为"万安"之计。接着笔锋一转，抒写对于古代贤士介之推和申包胥功成身退、拒不受赏的高尚品质的崇仰之情，表示自己虽有"荡平天下"的功劳，然而封兼四县、食户三万，内心还是很不安的。最后宣称：国家还不安定，他不能够放弃政权；至于封地，他是可以退让的。并具体提出他愿将所封四县交出三县，食户三万减去二万，以减少别人对他的诽谤，同时稍稍减轻自己所负的责任。

曹操在这篇令文中，不少地方是说了实话的。不过，曹操处在当时的特殊情况下，为了长远的统一大业，奉行韬晦之计，对自己的政治意图做了一些讳饰，也不是不可以理解的。他在为自己辩解的同时，表明了牢牢掌握兵权和政权，同政敌坚决斗争的决心，从统一大业这个大局来看，也是值得肯定的。

建安二十四年（公元 219）冬，曹操在孙权的配合下，取得襄樊大捷之后，孙权给曹操上书，称说天命，劝曹操当皇帝，自己情愿称臣。曹操读罢来信，将信出示群臣，说："这小子竟想让我蹲在火炉上去挨烤啊！"

汉朝以火德王，故这里以火炉比汉朝。曹操的意思是，他如以魏代汉，必然招致来自各方面的反对，就像在火炉上挨烤一样。说这话的目的一是为了揭露孙权的真实用心，二是为了试探一下群臣的意向态度。群臣对曹操的用意心领神会，于是文官以陈群、桓阶为首，武将以夏侯惇为首，纷纷劝进。这些人劝进自然都不无阿附曹操之意，但对曹操代汉称帝条件的分析，大抵还是比较客观的，比如说献帝只剩下一个皇帝的名号，一尺土地、一个老百姓都不再属汉朝所有，说的就是事实。但曹操早已成竹在胸，听完大家的建议，冷静地说："'施于有政，是亦为政。'如果天命在我这里，我就做一个周文王得了！"

"施于有政，是亦为政"语出《论语·为政》，意思是说只要将《尚书》上说的孝顺父母、友爱兄弟的风气影响到政治上去，也就是参与了政治，何必一定要做官才算参与了政治呢？曹操引用这句话，意在说明只要掌握了实权，不必计较有没有皇帝这个虚名。然后明确表示，即使当皇帝的时机已经成熟，他也不当皇帝，而要像当年周文王给周武王奠定基业那样，积极创造条件，让自己的儿子去做皇帝。

曹操这句话，实际上已经表明了长期隐藏在他心中的代汉意图，只不过这最后的一个步骤不想由他自己来完成，而要由他的儿子来完成。曹操自己为什么不称帝呢？看来主要有以下几方面的考虑：其一，孙权劝他称帝，是从自己的利益考虑的。一来，孙权认为这样做可以博得曹操的欢心，从而实现吴、魏之间的和好，自己就可抽出身来专力对付蜀汉。襄樊之役中，孙权为了从刘备手中夺回荆州，从背后袭杀关羽，帮了曹操的大忙，但却得罪了刘备，结束了吴、蜀之间长达十年的联盟关系，这时他比什么时候都更需要缓和同曹魏的矛盾，不然就将可能陷入两面作战的不利境地。二来，孙权认为曹操如果真的称帝，就会再次招致拥汉派的强烈反对，从而陷入困境，减轻对吴国的威胁。因此，孙权貌似恭顺，实则是在使坏，曹操看穿了孙权的意图，不肯轻易上当。

其二，从当时情势看，如果贸然称帝，确实会给政敌和拥汉派势力增加攻击的口实，使自己在政治上陷入被动。综观曹操的一生，内部的反对和反叛大部发生在他当魏公、魏王之后，这是很能说明问题的。因此，继续维持献帝这块招牌，对于安抚拥汉派，巩固内部，仍有不可忽视的作用。

其三，至少从建安十五年（公元 210）起，曹操一再"自明本志"，说自己绝无代汉自立之心，言辞恳切，说了差不多十年，现在如果突然变卦，否定自己，对自己的声誉名节必然会造成不利影响，不如一如既往，将戏演到底为好。其四，更重要的是，曹操是一个讲求实际的人，只要掌握了实权，并不怎么看重虚名，"施于有政，是亦为政"一语是充分反映了他的内心想法的。

此外，建安二十四年（公元 219）曹操已 65 岁，年纪大了，估计自己将不久于人世了，这也可能是他不愿称帝的一个原因。

总之，曹操不当皇帝，是从策略上全面权衡过得失后所做出的决定，是一种明智而智慧的谋虑。曹操以"三分天下有其二"的周文王自许，似乎是对他自己一生的业绩和名位做了一个总结和评定。但曹操之奸却在人们心中也留下了深刻的印象。

做到一手扬，一手压

善于谋事者，总能把自己周围的局势看得清清楚楚，想得明明白白，然后找到自己的成事之道。而一手扬，一手压则是控制局势的一种方法，即用自己可信之人，制约自己心中没底的人。任何一个古代王朝初建之时，掌权者大多扬己而抑异。作为一代帝王，李世民也不例外。只是处身于一个特殊的历史大舞台下，他的扬己抑异的管人之举，采取了一种与众不同的方式予以施行，那就是——重新修订《氏族志》。

李唐皇室出身于关陇贵族。贞观时期，辅佐皇室的也多为关陇一带的贵族。可以说唐朝是以关陇民族为骨干，依靠山东士族、江南士族和部分庶族地主的支持而建立起来的。李唐皇室贵为君王将相，其社会地位却远远无法与山东旧士族抗衡，对此，李世民自然心有不甘。贞观初年，随着对各地大规模军事征服活动的结束，国家统一局面的形成以及政治统治逐步走上正轨，为进一步巩固中央集权，扬己声威，李世民开始积极采取措施来调整各地贵族内部错综复杂的关系，修订《氏族志》就成了他与旧士族之间进行较量的得力工具。

唐朝初期，山东士族已日渐衰落，而在山东士族衰落的同时，山东庶族地主却在迅速崛起，并逐渐成为一股对政局具有重大影响的力量。李世民即位后，在他重用的大臣中，出身于山东庶族的占有很大的比重。李世民一朝任用宰相28人，除高祖时的旧相外，李世民自己任用了22人，其中山东人占了一半，共11人。他们是：高士廉、房玄龄、魏征、温彦博、戴胄、李稽农、张亮、马周、高季辅、张行成、崔仁师。这些人绝大多数出身于庶族。其中只有高士廉、高季辅、崔仁师出身于士族之家。此外，岑文本、刘洎、王硅、褚遂良、许敬宗五人为南朝名臣之后。关陇贵族出身的则有长孙无忌、李靖、杜淹、杜如晦、杨师道、侯君集等。由此可见，在人事任用上，除了关陇贵族以外，李世民可以说没有吸收一个出身于一流士族家庭的士族人士加入中枢核心机构中来，士族的政治地位由是大大衰微了。

这样，纷繁复杂的士族，随着历史的变迁，起了变化。唐初统一时期，总的趋势是大为削弱："乔姓"早已没落，"吴姓"逐渐衰败，"虏姓"也非昔比，山东"郡姓"亦"累叶陵迟"或"全无冠盖"。新官与旧族的升降与沉浮既已发生极其明显的变化，那么甄别盛衰，重修谱牒，剔除一批衰宗落谱，补充一批当代新门，在李世民看来，已经是势在必行了。再从皇家威望着眼，李世民甚至可以说已是急不可待了。

唐朝的统一和巩固，使得李世民所谓的"遍责天下谱牒"成为可能，宗谱面向全国，就又有了互相比较、彼此衡量的余地。李世民选择熟悉全国各自地区族姓的士族官员担任这项工作，正是体现了他统一全国谱牒以甄别盛衰的政治意图。如高士廉是山东地区的渤海著姓，出自累世公卿家庭；韦挺为关中首姓甲门；岑文本为江南士族；令狐德棻是代北古姓。四人分工合编，以便于对四面八方的士谱进行统一排比。此外，还吸收了"谙练门阀"的"四方士大夫"参与其事，也含有便于天下统一的修谱需要。可见，李世民"遍责天下谱牒"的用意十分明确，就是要以统一时期的全国氏族代替分裂时期酌各地士谱，对"累叶陵迟"的各地士族予以剔除，补充了"新官之辈"，以甄别盛衰。

唐初，由于旧士族与新贵族之间在政治地位上有较大的差别，这使得姓氏谱牒混乱错杂，没有统一的标准，这未免使一些投机之辈为抬高自家地位，乘机伪造族谱，妄想假托先贤之裔。这些人大多是庶族地主。"考其真伪"即是得源于此，李世民想通过修订谱牒来剔除伪姓，这里面其实也包藏着提高自己等级门第观念的打算。而何为真伪，自由李氏王朝自己而定。另外，李世民在原诏令中让臣下在修订《氏族志》时，要求"忠贤者褒进，悖逆者贬黜"。这自然也是以当时各阶层人士对李唐政权的顺服与反叛为标准的。

如前所述，鉴于魏晋以来朝代频换，臣下乱政的教训，即位之初，李世民就开始大力宣扬忠君思想。并多次褒忠贬奸，在诏书中大肆阐引"天地定位，君臣之义以彰"的君为臣纲思想。这次修订《氏族志》，李世民又提出以大臣对李唐王朝政治态度的顺逆作为修谱进退的原则，无非就是为了通过修谱，扬亲弃远，建立一个死心塌地支持维护李唐政权的统治集团，以达到维护皇权的目的，此举不能不说是李世民施行统治的一个极为精明的策略。

由上可见，修谱本身就蕴含着李世民极为迫切的政治要求，因此，当高士廉等人经过几年的努力，编成《氏族志》草稿，进呈给李世民时，出于重视，李世民开始仔细审阅。当看到把山东士族之冠崔氏干列为第一等时，李世民甚为不满，大发了一通议论："我平定四海，天下一家，凡在朝幸，皆功效显著，或忠孝可称，或学艺通博，所以擢用。见居三品以上，欲共衰代旧门为亲，纵多输钱帛，犹被偃仰。我今特定族姓者，欲崇重今朝冠冕，何因崔氏干犹为第一等？"早在族谱修订前，李世民就曾多做暗示，而高士廉等人却没有照办，竟然仍旧没把皇姓列为一等，而仍将旧士族的崔姓列为第一，如此一来，大大违背了李世民修订族谱的初衷，这就难免会使他很不高兴地加以斥责了。

说完上述那些话，李世民意犹未尽，他说："我和山东崔、卢、李、郑四姓，过去没有恩怨，只因他们累世衰落，又无人做官，还自称士大夫，婚嫁时索要许多财物。有的才学平庸而自命清高，贩卖祖宗的名望，依靠这个发财尊贵。我不理解社会上为什么有人看重他们？再说士大夫有才能有功劳的，做得高官，善于服侍人君和父母的，忠孝值得赞扬；有的道德高尚，学识渊博，这也足以立为门户，可以称为国家的士大夫。

现在崔、卢这些人，只夸耀远世祖宗的尊荣，怎能比得上我朝的尊贵？公卿以下何苦送给他们那么多钱物，助长他们的气势，只图虚名不顾实际，以结交他们为荣耀。我现在所以要考定氏族，是想树立当朝官宦的尊荣，怎么却仍把崔氏干列为第一等？我看你们没有看重我给你们的爵位啊！不管数代以前如何，只按现在的官名、人才划分等级，一经量定就要永远遵守。"

在这段话中，李世民先是旁敲侧击，其后捺不住自己的愤愤之情，话中的目的性越来越明显了。最终，终于将自己修订族谱的目的层层剥离出来。"不须论数世以前，只取今日官爵高下做等级"，这样一来，一些非士族出身的当朝新贵就有了进入士族之流的可能，李唐王室的身份更会日显尊贵，而对于政治地位日趋衰微的旧士族而言，则无疑是一个极为致命的打击，他们的地位必将因此而更加贬值。未达目的誓不甘心，在李世民"更命刊定"的指示下，贞观十二年，《氏族志》终于出笼了，其中以"皇族为首，外戚次之，降崔氏干为第三。"李世民这才感觉到舒心了一些，于是下诏全国颁行。他说："氏族的光彩决定于官品的高低，婚姻的选择应以仁义为先。自从北魏失国、北齐灭亡之后，时代变迁，风俗也已衰落，燕赵古姓大多失掉了官位，齐韩的旧族又违背了仁义的风气。他们名不著称于地方，自身陷入贫贱，而却自吹是高门望族之后，不遵守平民百姓婚配的礼仪。问名只知道勒索财物，嫁女一定要嫁给富家。还有新做官的人和有钱人家，羡慕这些人的祖宗，争先与他们结成姻亲，多送金玉布帛，就像商人做买卖一样。他们有的贬低了自家门第而受辱于亲家，有的则倚仗旧时的声望而对公婆无礼。这些气习已积成风俗，至今没有停止，既扰乱了人伦，又损害了名教。我早晚操劳，励精图治，历代的积弊都已革除，只有这坏风俗未能彻底改变。从今以后须明加告示，使人们懂得嫁娶的规矩，务必合于礼法，合乎我的心意。"这一诏令的颁行和盘托出了李世民意欲禁止卖婚的目的，而禁止卖婚的真正意图无非是为了贬抑旧士族地主的地位，并维护和提高李唐王室的声威。尽管史实证明，由于习惯使然，人们仍将与旧士族联姻视为荣耀，李世民的禁止卖婚的目的未见显效，但是，通过《氏族志》的修订，李世民真正的意图——扬己抑异，却顺利得以实现。重订氏族谱，使李唐新贵们的政治权势和社会地位都有了更大的提高，也让李世民找到了管人用人的要诀，并为李唐政权的牢固又加了一道保护墙。

第4章
磨砺本领：每天让自己多学一点本事

成功不在于嘴上的劲儿，而在于你究竟掌握多少本事。有些人总是口若悬河，却根本改变不了自己的尴尬境况，其因正在于此。

明白"大家要相互帮衬"的原理

做人的互助原理是：你在关键时刻帮人一把，别人也会在重要时刻助你一臂！因为，不管你是一个什么样的人，都不可能像鲁滨孙那样孤独一人闯天下，特别是想使自己的人生局面推广开来，更离不开与各种各样的人打交道。要想让别人将来帮助你，你就必须先付出精力去关心别人、感动别人，这样才能赢得别人回报的资本。因此，高明者做人，必须信守"相互帮衬"之道。

常常挂在"红顶商人"胡雪岩口头的"花花轿儿人抬人",是一句杭州俗语,指的是人与人之间离不开相互维护、相互帮衬。人抬人,人帮人,人要办的事才会顺利,人的事业才会发达。话虽如此,然而真正窥得其妙的人却并不多。在某些特定的情况下,想成就一项事业,少不得要借助众人拾柴之势。复杂的人际关系有时是个包袱,不过如果用得巧妙,也可以成为一块成功之路的叩门砖。"相互帮衬"正是一个帮人帮己的诀窍。当年,胡雪岩扶助王有龄做了湖州知府,他在开办钱庄之初就有让自己的钱庄代为打理府库银两的打算,也有了着落。但是,真正要使这一打算变成现实,还要过一关,那就是要打通钱谷师爷的路子。

旧时的州县衙门,都有钱谷师爷和刑名师爷。师爷名义上虽只是州县的幕友,但由于他们精通律例规制,所管的事务专业,一州一县的司法、财政的具体办理许多时候实际上就在师爷手中。而且这些人都师承有自,见多识广,常常是州县官们也不敢轻易得罪的角色。师爷向来独立办事,不受东家干涉,表面平和的还与州县老爷敷衍一下,专断的甚至可以对州县老爷置之不理。所以,胡雪岩要代理湖州府库,也就不能不笼络他们延请的钱谷师爷。在笼络师爷的过程中,胡雪岩和王有龄就演了一出"花花轿儿人抬人"的绝好的双簧。王有龄署理湖州正是端午期间,这个时间给胡雪岩提供了一个机会。他打听好已经接受延请到湖州上任的刑名、钱谷两位师爷在杭州的家眷所在,送去节下正需要的钱粮。不过他是以王有龄的名义送的。这两位师爷自然要感激王有龄的好意,但等到他们拜谢王有龄时,王有龄却说这原是胡雪岩的心意。这一来,师爷不仅见了胡雪岩的情分,自然也知道了大人的意思。好事做了一件，交情却落了两处。一帮一衬不过言辞之间，却使得极巧。事实上，这出双簧也并不是胡雪岩和王有龄事先商量好要这样演的，而他们却不约而同地如此做了，可见胡雪岩、王有龄两人都深谙这"花花轿儿人抬人"和相互帮衬之道。

相互帮衬往往不在于你帮的心是巨是细，出的力是大是小，有时候甚至也不过是些惠而不费的小节，比如王有龄、胡雪岩演的那出双簧，也不过就是一句话的事情。然而知道这其中的道理，心思用得巧，往往能够事半功倍。比如胡雪岩和王有龄之间有这一帮一衬，一下子就收服了人心。例如当胡雪岩找到湖州钱谷师爷杨用之，提出要以自己的阜康钱庄代理湖州府库和乌程县库时，杨用之不仅毫不为难地满口答应，甚至连承揽代理公库的"禀帖"都为他预先准备妥当，还为他引见了另一个关键人物，湖州征纳钱粮绝对少不了的，也绝对不能得罪的"户书"郁四。而郁四后来实际上也成了胡雪岩生意上的牢固伙伴和得力帮手。

的确，一个人精力到底有限。经手的事情太多，表面上看来似乎没有什么疏漏，也许失察疏漏的地方在不知不觉中已经留下很多了。比如胡雪岩对于宓本常的失察，在典当业上的疏漏，都是在他经手事情太多，生意场面太大的情况下，由于实在是顾不过来而发生的。这些疏漏的地方，一定的时候都可能产生不良的后果，而且，由于一个人所有的生意运作常常是环环相扣，相互牵连的，有一些因失察留下的疏漏所产生的后果，常常是关键性的，并不只是影响某一桩或某一个行当的生意的成败，它可能使辛辛苦苦建立起来的大厦整个儿彻底坍塌。

所以，人与人之间的帮衬是多方面多层次的，既需要朋友同行的帮衬，也需要内部人员的帮衬。这一点既是一个诀窍，也是现代商战中重要的经营策略。

不急于水落石出，而注重稳操胜券

办事绝不能由着急性子来，要按照事理来，这样才能稳操胜券。然而，有些人却不明白这个道理，他们一遇到事情，就恨不得立即弄个水落石出。其实，这样不但办不成事，还会把事情弄得一塌糊涂。所谓"欲速则不达"，讲的就是这个道理。聪明人办事，一定是善于观察、巧于布阵、精于摸底，然后在时机成熟时，采取拉网术，把想钓的鱼拉上来。《孙子兵法》中讲求稳之计，重在戒急，其实讲的就是这个理儿。

唐代武则天时，湖州别驾苏无名以善于侦破疑难案件而闻名朝廷内外。一次，他到神都洛阳，恰巧碰到武则天的爱女太平公主的一批宝物被盗武则天诏令破案。太平公主是初唐时期颇有声名的公主。她的性格酷肖母亲，因此深得武则天的宠爱，一次，武则天赏赐给她各种珍贵宝器共两盒，价值黄金千镒。太平公王收到母亲这批赐物，即带回家中密藏了起来。但是，一年之后宝物不翼而飞。这是圣上御赐的宝物，太平公主不敢隐瞒，立即告诉了武则天。

武则天知道后，认为有损她的脸面，恼羞成怒，立即召来洛州长史，诏令他二日内破案，如限期之内不能缉盗归案，则以渎职、欺君问罪。

洛州长史恐惧万分，急忙召来州属两县主持治安和缉盗的官员，向他们投下制签，下令两日之内破案，否则处以死罪。两县的缉盗官员们无力破获这样的大案，只是依照长史的做法，召来一班吏卒、游徼，严令他们在一日之内破案，否则也是处以死罪。一件疑难大案的侦破任务，便如此一层一层地推了下来。

无法再往下推的吏卒和游徼们。手中拿着上司的死命令，一时慌了手脚，只得来到神都大街上碰运气，恰好，他们碰上了晋京的苏无名，于是便一拥而上将这桩"御案"告诉了他。苏无名听完后，吩咐他们如此如此，便同他们一块来到衙门。一进衙门，这班吏卒、游徼向着主管缉盗的官员高呼："捉住盗贼了！"他们的话音还未落地，苏无名已应声进了厅堂。缉盗官一问，眼前来的乃是湖州别驾苏无名，便转身怒斥吏卒、游徼们："胆大妄为之徒，怎能如此侮辱别驾大人！"

苏无名一见缉盗官训斥下属，便朗声大笑道："不要怪罪他们。他们请我来此为的是侦破公主万金被盗的御批大案！"缉盗官一听苏无名是为破案而来。惊喜万分，便急忙向苏无名请教破案的妙策。苏无名神色不动，只是说："你我立即去见洛州府长史。见了长史，你只需告诉他，御案由我湖州别驾苏无名来主持侦破即可。"缉盗官依了苏无名的主意，带他前往洛州府。

缉盗官和苏无名二人双双来到洛州府。长史一听破案有了指望，立即行礼迎接苏无名，感激涕零地拉着苏无名的手说道："今日得遇明公，是苍天有眼，赐我一条生路啊！"说完，洛州府长史屏退左右，向苏无名征询破案的妙策。苏无名依然是神色不动，不急不忙地说："请府君带我求见圣上。在圣上玉旨之下，我苏无名自有话说！"洛州府长史急于破案交差，立即上疏朝廷荐举苏无名破案。苏无名心中已有了破案之策，那就是少安毋躁，以查出贼踪，故而他见了缉盗官，又要见长史，见了长史又要冕皇上，这一系列的举措都是有目的的。

武则天看过洛州府长史的上疏后，决定立即召见湖州别驾苏无名。在神都洛阳的宫殿上，苏无名见到了武周皇帝武则天。武则天劈头一句便问："你果真能为朕捉到盗宝的贼人吗？"苏无名答道："臣能破案！如果圣上委臣破案，请依臣三事：一、在时间上不能限制；二、请圣上慈悲为怀，宽谅两县的官员；三、请圣上将两县的吏卒、游徼交臣差使。如依得臣下所请三事，臣下将在两个月内，擒获此案盗贼，交付陛下。"武则天听完之后，看了看苏无名，便顿首应允了他的条件，谁知苏无名奉旨接办御案之后，没有动静，一晃就是一个多月的光景过去了。一年一度的寒食节又来临了，这天，苏无名召集两县大小吏卒、游徼会于一堂，准备破案。他吩咐，所有破案人员全部改装为寻常百姓，分头前往洛州的东、北二门附近巡游侦查。无论哪一组，凡是遇见胡人身穿孝服，出门往北邙山哭丧的队伍，必须立即派员跟踪盯上，不得打草惊蛇，只需派人回衙报告即可。

这边苏无名刚刚坐定。就见一个游徼喜滋滋地赶了回来。他告诉苏无名，已经侦得一伙胡人，其情形正如苏无名所说，此刻已在北邙山，请苏无名赶去定夺。苏无名听后，立即下令衙役备马，与来人赶往北邙山坟场。到达之后，苏无名询问盯梢的吏卒："胡人进了坟场之后表现如何？"吏卒回报说："一切如别驾大人所料，这伙胡人身着孝服，来到一座新坟前奠祭，但他们的哭声没有哀恸之情，烧些纸钱之后，即环绕着新坟察看，看后似乎在相互对视而笑。"苏无名听到这里，大喜击掌，说道："窃贼已破！"立即下令拘捕那批致哀的胡人，同时打开新坟，揭棺验看。吏卒奉命逮捕了胡人，但对开棺之令不免犹豫不前。苏无名见状，笑道："诸位不必疑虑，开棺取赃，破案必在此举！"于是，吏卒、游徼们动手掘坟开棺。随着棺盖缓缓开启，棺内尽是璀璨夺目的珠宝。检点对勘之后，证实这些正是太平公主一月前所失的宝物。

苏无名一举侦破太平公主的失窃大案，震动了神都洛阳。武则天下旨再次召见苏无名，问他是如何断出此案的。苏无名应诏进殿，对道："臣下并没有什么特殊的神谋妙计，来神都汇报工作的途中，曾在城郊邂逅了这批出葬的胡人。凭借臣下多年办案的经验，当即断定他们是窃贼，只是一时还不知他们下葬埋藏的地点。寒食节一到，依民俗，人们是要到墓地祭扫的。我料定这批借下葬之名而掩埋赃物的胡盗，必定会趁这机会出城取赃，然后相机席卷宝物逃走。因此臣下差遣两县吏卒、游徼便装跟踪，摸清他们埋下宝物的地点。据侦查的吏卒报告，他们奠祭时不见悲切之情，说明地下所葬不是死人；他们巡视新坟相视而笑，说明他们看到新坟未被人发觉，为宝物仍在坟中而高兴。因此我决定开棺取证，果然无误！"

苏无名的一番话将破案的关节款款道出，说得字字在理，句句入情，武则天极为叹服。苏无名见状，又继续说道："假如此案依陛下二天之限，强令府县去侦破，结果必因风声太紧，窃盗们狗急跳墙，轻则取宝逃亡，重则毁宝藏身。那么，在证毁贼逃的情况下，再去缉盗追宝，就势必事倍功半了。所以陛下急破之策不宜行，急则无功。现在，官府不急于缉盗，欲擒故纵，盗贼认为事态平缓，就会暂时将棺中宝物放在那里。只要宝物依然还在神都近郊，我破案捕盗就像从口袋中探取什物一般容易！"

苏无名的一番话，告诉我们这样一个道理，做什么事都不能急于求成，必要时敢于放弃、善于及时收手。不急不躁才能把事理层层剖析清楚，把事情办好。的确，要办事，绝不能不分青红皂白地一阵乱来，而是要有进有退，有急有缓，一切皆为了稳中求胜。

逮住机会就绝不松手

成事的机会究竟藏在哪儿？皮鲁克斯在《做事与机会》一书中说："机会在手里！"然而，平庸之人却总是说："机会从不垂青于我。"其实，这只是一个借口。对于那些精明、敏锐的人而言，总能够"轻松"地抓住机会，并且抓得准和巧。正因为这一点，所以机会总是最欣赏有脑、有心、有眼之人。

亚蒙·哈默是美国西方石油公司的董事长，是一位颇具传奇色彩的人物。在西方，他是点石成金的万能富豪，又是第一个与十月革命后的苏维埃俄国合作的西方企业家。

　　哈默于 1898 年 5 月 21 日生于美国纽约市。他的曾祖父弗拉基米尔是俄国犹太人，曾在沙皇尼古拉一世时以造船而成为巨富。到哈默的祖父雅各布娶妻生子时，一场台风引起的海啸把家财产冲刷得荡然无存。1875 年，雅各布带着妻子和儿子朱利叶斯移居美国。二十年后，在一次郊游中，朱利叶斯与一个年轻的寡妇罗丝一见钟情。他们婚后生下的第一个孩子就是亚蒙·哈默。1917 年，哈默入读哥伦比亚医学院。

　　一天，父亲找到哈默，告诉儿子一个坏消息：他倾其积蓄投资的制药公司濒临破产。而且他本人因身体不好，特别是还想继续行医，没有精力去顾及公司的管理，因此，他要求儿子去当公司的总经理，但不许他退学。哈默勇敢地迎接了挑战。为不误学业，哈默邀请一个家境贫困而学习优异的同学住在一起，免费供给对方食宿，条件是这位同学每天去上课，晚上把白天的笔记带回给他，供他应付考试和写论文。他重新制定了公司的经营方针和推销方法，组织了一支强有力的推销员队伍，并把公司名字也改为响亮的"联合化学制药公司"。原本岌岌可危的公司终于被哈默从破产边缘拯救过来，产品畅销全国，公司开始跻身于制药工业的大企业行列。

　　这时，哈默做了一件令人震惊的事情，即去苏俄访问。十月革命后，哈默的父亲作为俄罗斯后裔，且又是美国共产党的创始人一，对苏俄十分关注，并向被封锁的苏联红色政权提供过生活必需品。但由于一次医疗事故，1920 年 6 月，哈默的父亲受审入狱。年轻气盛的哈默决心完成父亲未遂的愿望，到父亲出生的国家，去帮助苏联战胜正在那里蔓延的饥荒和伤寒。

哈默于 1921 年初夏到达苏联。看到苏联马拉尔地区大量的白金、宝石、毛皮卖不出去，而粮食又严重短缺，一个大胆的计划在哈默头脑中形成。他联想到当时美国粮食大丰收，粮价下跌，便提议：以 100 万美元的资金，在美国紧急收购小麦。海运到彼得格勒，卸下粮食后，再将价值 100 万美元的毛皮和其他货物运回美国。哈默的建议很快被苏联高层采纳，列宁亲自回电表示认可这笔交易，并请哈默速抵莫斯科。

到达莫斯科的第二天，哈默就受到了列宁的接见。为使年轻的苏维埃得到休养生息，列宁格外重视哈默的提议。从此，他们之间结下了真挚而深厚的友谊。列宁鼓励哈默投资办厂，允许他开采西伯利亚地区的石棉矿，从而使他成为苏俄第一个取得矿山开采权的外国人。

美苏的易货贸易由此开始。哈默组织了美国联合公司，沟通了 30 多家美国公司，他俨然成了苏俄对美贸易的代理人。哈默在苏俄度过了将近 10 年。苏俄成了这位美国青年从百万富翁变为亿万富翁的发迹地。

但是，哈默一生中最活跃的时期却是 1931 年从苏联回美国后开始的。哈默返美时，正值 30 年代美国经济大萧条，但他却认为是赚钱的机会到了。他捕捉到一个清晰的信息：罗斯福正在走向白宫总统的宝座。如果他当选，那么，1919 年颁布的禁酒令将被废除。这将意味着全国对啤酒和威士忌的需求激增，酒桶的市场将会呈现出空前的需求，而当时市场上却没有酒桶出售。哈默当机立断，立即从苏联订购了几船优质木材，在纽约码头设立了一座临时的桶板加工厂，并在新泽西州建立了一座现代化的酒桶厂。禁酒令废除之日，也正是哈默制桶公司的酒桶从生产线上源源滚下之时，他的酒桶被各制酒厂用高价抢购一空。哈默乘胜而进，进军制酒业，开始经营威士忌酒生意。他接连购买了多家酿酒厂，采取大幅度削价和大做广告等手段，很快战胜了所有的竞争对手。他的丹特牌威士忌酒一跃而成为全美第一流名酒，年销售量高达 100 万箱。

哈默有爱好吃牛排的习惯，正是这一习惯，把他引入了另一个领域，即养牛业，并大获成功。哈默闯入养牛业颇为偶然。有一次他埋怨市场上买不到优质牛排，他的一名雇工就建议去买头牛杀了吃。牛买回来了，却是一头怀上小牛的母牛。哈默认为自己还不至于馋到杀怀孕母牛的地步，于是就交代人把牛放养在庄园里。正巧哈默的邻居是一位养牛专家，专门培育安格斯良种牛。他不仅替哈默买回的那头母牛顺利接产，而且时隔不久又让这头母牛与他的公牛交配，生下了具有安格斯种牛优良品质的小牛。哈默经这一事件的触发，头脑中闪现出新的商业脑电波：以酿酒的副产品饲养种牛，岂不是化残渣为黄金之举么？

于是，哈默迅速筹建了一家繁殖种牛的大牧场，并花上 10 万美元买下了 20 世纪最好的一头公牛——"埃里克王子"。在随后的 3 年中，仅靠埃里克王子就繁殖了上千头牛犊，其中包括 6 头世界冠军，为他赚了 200 万美元。哈默也从此由养牛的门外汉变为种牛业公认的领袖人物。

1956 年，哈默 58 岁。他在商战中积累的财富，多得连他自己也数不清。他确实打算从商界隐退，安享晚年。然而，一次偶然的机会，充满诱惑力的石油业把他吸引了，他又一跃成为扬名世界的石油巨子。

当时在加利福尼亚州有一家濒临破产的西方石油公司，其实际资产只有 3.4 万美元，3 个雇员和几口快要报废的油井，公司的股票每股只卖 18 美分。有人向哈默建议，投资这家石油公司。因为根据美国政府对石油业的倾斜政策，用于尚未出油的油井的资金无须报税。对于想退休的哈默来说，他无意收购这家公司，还借给了西方石油公司 5 万美元，让他们再打两口井。如能出油，利润双方对半分成；如果不出油，哈默投入的这笔资金司作为亏损从应缴税款中扣除。意想不到的是，两口井都出油了。西方石油公司的股票一下子涨到每股 1 美元，哈默也尝到了甜头，开始涉足石油业。不久，哈默成了这家公司的最大股东。1957年 7 月当选为西方石油公司的董事长和总经理。

哈默凭着自己多年的经验，冒着巨大的风险，开始建立一个石油王国。他招兵买马，聘请到最优秀的钻井工程师和最出色的地质学家，1961 年终于在加利福尼亚钻探到两个巨大的天然气油田。西方石油公司的股票价格一路上涨到每股 15 美元，公司的实力也足以与那些世界上较大的石油公司抗衡了。1974 年，他的西方石油公司年收入为 60 亿美元。到 1982 年，西方石油公司已成为全美第 12 个大工业企业。1972年，74 岁高龄的哈默与苏联做成了一项长达 20 年的 200 亿美元的化肥生意，把美苏贸易推向了高峰。哈默捕捉到了信息，捕捉到了机会。他适时出手，迅速暴富。

本杰明·狄斯雷利说："一个人一生成功的秘诀在于，在机会来临时做好准备。"所以，任何一个人做成大事其实都是困难重重的。然而，在艰难奋斗的过程中，机会其实很多的，但是，它只垂青那些"明眼人"。

大精明才是真精明

"大智若愚"这个词恐怕无人不知。意思是说，大糊涂的人可能是大精明，反推之，那么小精明的人可能是大糊涂。所以，凡事认真不一定能起到最好的结果。

宋太宗赵匡义病重时立第三子赵恒为皇太子。当时，吕端继吕蒙正为宰相，他为人识大体，顾大局，很有办事能力，深得太宗赏识。太宗说他"小事糊涂，大事不糊涂。"不久，他便将相位让给寇准，退任参知政事。

公元 997 年，太宗驾崩。围绕谁来继位的问题，宫内多有不同意见。再者，皇太子赵恒年已 29 岁，聪明能干，处断有方。但他是太宗的第三子，没有即位资格，这就引起其他王子与大臣的忌妒和憎恨。但吕端却是站在赵恒一边的。他决心遵照先帝意旨，拥立赵恒即位。当然，他也就对宫中的一些情况细心观察。正当太宗驾崩举国祭丧之时，太监王继恩、参知政事李昌龄、殿前都指挥使李继熏、知制诰胡旦等人，却暗地里密谋，准备阻止赵恒即位，而立楚王元佐。吕端心中有所警惕，但具体情况却并不清楚。李皇后本来也不同意赵恒即位。所以，李皇后命王继恩传话召见吕端时，吕端心头一怔，便知大事有变，可能发生不测。一想到这里，吕端便决定抢先动手，争取主动。他一面答应去见皇后，一面又将王继恩锁在内阁，不让他出来与其他人通谋，并派人看守门口，防止有人劫持逃走。之后，吕端才毕恭毕敬地来见皇后。李皇后对吕端说："太宗已晏驾，按理应立长子为继承人，这样才是顺应天意，你看如何？"吕端却说："先帝立赵恒为皇太子，正是为了今天，如今，太宗刚刚晏驾，将江山留给我们，他的尸骨未寒，我们哪能违背先帝遗诏而另有所立？请皇后三思。"李皇后思虑再三，觉得吕端讲得有道理，况且，众大臣都在竭力拥立赵恒皇太子，李皇后也不得违拗，便同意了吕端的意见，决定由皇太子赵恒继承皇位，统领大宋江山。众大臣连连称是，叩首而去。

吕端至此还不放心，怕届时会被偷梁换柱。赵恒于公元998年即位为真宗，垂帘引见群臣，群臣跪拜堂前，齐呼万岁，唯独吕端平立于殿下不拜，众人忙问其故。吕端说：皇太子即位，理当光明正大，为何垂帘侧坐，遮遮掩掩？要求卷起帘帷，走上大殿，正面仔细观望，知是太子赵恒，然后走下台阶，率群臣拜呼万岁。至此，吕端才真正放了心。赵恒从此开始执政25年。史官对吕端评价很高，宋史评论道："吕端谏秦王居留，表表已见大器，与寇准同相而常让之，留李继迁之母不诛，真宗之立，闭王继恩于室，以折李后异谋，而定大计；既立，犹请去帘，升殿审视，然后下拜，太宗谓之大事不糊涂者，知臣莫过君矣。"

《菜根谭》有这样一段内容："水清无鱼，人清无友"。乍听起来，似乎太"世故"了，然而，现实生活中许多事情都坏在"认真"二字上。有些人对别人要求得过于严格以至近于苛刻，他们希望自己所处的社会一尘不染，事事随心，不允许有任何一件鸡毛蒜皮的小事不符合自己的设想。一旦发现这种问题，他们就怒气冲天，大动肝火，怨天尤人，有一种势不两立的架势。尤其是知识分子，他们对许多问题的看法往往过于天真，过于理想化，过于清高。总觉得世界之上，众人皆浊，唯我独清，众人皆醉，唯我独醒。用这种天真的眼光去看社会，许多人往往会变得愤世嫉俗，牢骚满腹。

我们说"水至清则无鱼"，主要强调的是做人做事都不能太"认真"，该糊涂时就糊涂，只要不是原则问题，睁一只眼闭一只眼也未尝不可。所谓"水至清则无鱼"谈论的不是一般的清，而是"至清"。所谓"至清"者，一点杂质全都没有，这岂不是异想天开？然而，现实中更多的人往往是大事糊涂，小事反而不糊涂，特别注意小事，哪怕是芥蒂之疾，蝇屎之污，也偏要用显微镜去观察，用放大尺去描写。于是，在他们眼里，社会总是一团漆黑，人与人之间只剩下尔虞我诈。普天之下，可以与言者，也就只有"我自己"，这实际上是一种病态。所谓"水至清则无鱼"并不是认为可以随波逐流，不讲原则，而是说，对于那些无关大局、枝枝蔓蔓的小事，不应当过于认真，而对那些事关重大、原则性的是非问题，切不可也随便套用这一原则。

让心事烂在肚子里

一般人都有一个共同的毛病：肚子里搁不住心事，有一点喜怒哀乐之事，就总想找人谈谈；更有甚者，不分时间、场合、对象，见什么人都把心事说出来。

心理学家说，人若有心事，应该说出来，才不会在心内郁积，闷出病来。这个说法基本上是没错的，但精于做事者则认为，要说可以，但不能"随便"说。之所以处理心事要这么慎重，是因为心事的倾吐会泄露一个人的脆弱面，这脆弱面会让人改变对你的印象，虽然有的人欣赏你"人性"的一面，但有的人却会因此而下意识地看不起你，最糟糕的是脆弱面被别人掌握住，会形成他日争斗时你的致命伤，这一点不一定会发生，但你必须预防。

其次，有些心事带有危险性与机密性，例如你在工作上承担的压力与牢骚，你对某人的不满与批评，当你快乐地倾吐这些心事时，有可能他日被人拿来当成修理你的武器，你是怎么死的，连自己都不知道。那么，对好朋友应该可以说说心事吧！老狐狸的答案还是：不可随便说出来，你要说的心事还是要有所筛选，因为你目前的"好"朋友未必也是你未来的"好"朋友，这一点你必须了解。家人呢？能不能说？不可随便说出来，假如你的配偶对你的心事的感受与反应并不是你能预期的，譬如说，她（他）因此对你产生误解，甚至把你的心事也说给别人听……

然而，闭紧心扉，心事"滴水不漏"也不是好事，因为这样你就成为一个城府深、心机沉、不可捉摸与亲近的人了。如果你本就是这样的人，那无太大关系，如果不是，给了别人这种印象是划不来的。所以，偶尔也要说说无关紧要的"心事"给你周围的人听，以降低他们对你的揣测与戒心。

注意人性中的两面针

　　人性总有"两面针"，一面是光明，一面是黑暗。要想在芸芸众生中出人头地、春风得意，无论是初涉世者或成功人士，对人性中的两个方面都万万不可粗心大意。

　　有这样一个故事。战国初期，春秋五霸之一齐桓公的儿子齐威王刚刚继承父位时，和楚庄王最初执政时有点相似。他不大把国家大事搁在心上。楚庄王"三年不飞，一飞冲天；三年不鸣，一鸣惊人"。可是齐威王一连九年，不飞不鸣。

　　在这九年当中，韩国、赵国、魏国时常来侵犯齐国，可齐威王也不着急，打了败仗，他也好像满不在乎，还不准大臣们对他进行劝说。有一天，有位琴师求见齐威王。他自我介绍说他是齐国人，叫邹忌，听说齐威王爱听音乐，特来拜见。齐威王听说琴师求见，就同意让他进宫。邹忌拜见国君后，把琴放好，调准了琴弦，像是要弹琴的样子，可是把这两只手搁在琴弦上就不动了。齐威王问道："你调了弦，怎么不弹呐？"邹忌说："我不光会弹琴，还懂得弹琴的一套大道理。"齐威王不大清楚弹琴中的道理，就让他讲讲，于是，邹忌就弹琴的道理讲得天花乱坠，

玄而又玄。齐威王听得似懂非懂，终于不耐烦了，对邹忌说："你已经
说了半天，为什么不给我弹琴呐？"邹忌反问道："君主您瞧我老拿着琴
不弹，有点不乐意了吧？怪不得齐国人瞧着您老拿着齐国的这张大琴，
九年都不动一个指头，也有点不乐意呢？"齐威王立即站起身说："原来
先生是拿琴来劝我的，我明白了。"他命令人把琴拿下去，就和邹忌谈
论起国家大事来。

　　邹忌谈了搜罗人才，重用有能耐的人，增加生产，节省财物，训练
兵马，建立霸主的功业。齐威王听得非常高兴，就拜邹忌为宰相，帮助
他整顿朝廷的事务和全国各地的官员。邹忌做了宰相后，帮助齐威王把
齐国治理得井井有条，全国百姓都称齐威王是个英明的君主。齐威王因
此非常得意，邹忌见此有些担心，怕齐威王骄傲起来，就想找个机会提
醒提醒他。

　　那一天，邹忌早上起来，穿好衣服，戴上帽子，对着镜子瞧瞧，觉
得自己很漂亮，心里很得意。他问自己的妻子说："我跟北城的徐公比
起来，哪个漂亮？"他说的那位徐公，是齐国著名的美男子。妻子听他
这样问，就不假思索地说："当然是您美，徐公哪比得上您哪！"邹忌不
大相信妻子的话，就问刚走进房间的使唤丫头："我跟北城的徐公相比，
到底哪个漂亮？"使唤丫头说："还是您漂亮，徐公比不上您！"过了一
会儿，有一位客人来到邹忌家，两个人坐着聊了一会儿天。这位客人是
来向邹忌借钱的，邹忌对他问了同样的问题，他的回答和邹忌妻子、使
唤丫头的回答也是一样的，说邹忌比徐公漂亮。

　　凑巧的是，第二天，城北徐公到邹忌家拜访他。邹忌一见徐公，不

觉一愣，天下竟有这么漂亮的美男子！他觉得自己长得比不上徐公。他偷偷地照了照镜子，再对比一下徐公，越照越对比，越觉得自己远不如徐公漂亮。这天晚上，邹忌躺在床上琢磨来琢磨去，终于悟出其中的道理，而且想到恰恰可以用这个道理去劝说齐威王。

第二天清晨，邹忌来到宫中，把这两天关于自己和徐公的事情讲给齐威王听，自己是怎样问的，妻子、使唤丫头、客人是如何回答的，都详细说了一遍。齐威王听了，笑笑问："你说你比不上徐公漂亮，可你的妻子、使唤丫头、客人，为什么都说你比徐公美呢？"邹忌说："我的妻子说我美，是因为她偏向我；我的使唤丫头说我漂亮，是因为她地位低，怕我；我的朋友说徐公不如我，是因为他有求于我，故意恭维我。"

齐威王说："你讲得很对，听了别人的话，是得好好考虑一下，不然的话，就容易受蒙蔽。"邹忌紧接着说："是呀！我想齐国有方圆 1 千多里土地，120 座城池。王宫里的美女，侍候君王您的群臣，没有一个不害怕君王您的；全国各地的人，没有一个不想得到君王您的照顾而有求于您的。从这些情况看来，您是很容易受到蒙蔽的，所以您一定要提高警惕。"

邹忌的这一番话，使齐威王觉得很有道理。他立刻下了一道命令："不论朝廷大臣、地方官吏和老百姓，能当面指出我的过错的，得上等奖赏；能以书面方式指出我的过错的，得中等奖赏；就是能在背后议论我的过错的，也能得下等奖赏。"

"人王的背后是人渣"，这句话几乎适用于任何人，所区别的是对这一点认识程度如何。邹忌不愧为一代名相，他在这点上不仅有自知之明，也有知人之明。

人性中的两面针正在于此，有些人嘴里说的和心里想的并不一致。所以，恭维的话未必真的就是好话。因此，要想成功人生，还不能不摸透人性。

牵着别人的舌头走

成功离不开卓越口才的运用。与人交谈有众多技巧，不过，在与人交谈时，除了要吸引对方的注意之外，还有一个重要事项，就是要引导对方加入交谈。你必须注意，自己是否挫伤了对方的自信？是否给对方留有发表他们见解的机会，而不是拒之于谈话之外？更重要的是你能否对他们的话表现出关注，而不是显得只对自己感兴趣。

交谈就像传接球，永远不是单向的传递。如果其中有人没有接球，就会出现一阵难堪的沉默，直到有人再次把球捡起来，继续传递，一切才能恢复正常。一些青年学生常常向我诉说：他们在约会的时候老是不能保证交谈生动有趣。其实，这本来是一个非常易于掌握的技巧问题：问一些需要回答的话，这样谈话就能持续不断。但是，如果你只问："天气挺好的，是吧？"对方用一句话就可以回答了："是啊，天气真不错！"

有一回，马克·吐温一天之中听了12遍完全相同的问题，"天气真好，是不是，克列门斯先生？"最后，他只好回答说："是啊，我已经听别人把这一点夸到家了。""天气真好，是不是？"这也许是一个会产生僵局的提问，但是回答却不一定都会导致僵局。不管怎么说，大家还是关心天气的，否则电视台的新闻节目也不会花上好几分钟来播放预告，而且还要用图表来说明。如果感觉到很难让你的谈话对象开口畅谈，不妨用下列问句来引导：

"为什么……"

"你认为怎样才能……"

"按你的想法，应该是……"

"价钱怎么正好……"

"你如何解释？"

"你能不能举个例子？"

"如何"、"什么"、"为什么"是提问的三件法宝。

当然，如果回答还是个僵局，那就和提问是僵局一样，交谈仍然无法进一步展开。你必须尽一切努力把球保持在传递中，而不使它停在某一点。有时，你的谈话对象一开始不同你呼应，那也许是他还有些拘束，也许是他太冷漠，或者太迟钝，或者根本没有接触到他感兴趣的话题。

在参加聚会之前，如果能够从主人、女主人那里打听到一些邻座客人的情况，一定会对谈话有所帮助。不过，即使如此，也未必能确保对方一定开口，打破矜持的气氛。也许在用餐时，你不得不和一位骆驼般高傲的律师同座，而你想方设法使他开口却没有办到。那也不要灰心，接着再试试。你提到非法越境进入美国的墨西哥人问题，他可能无动于衷。但你谈起潜水，也许他就很有兴趣，或许，你还可以提提鲸鱼的生活习性呢！

耐尔·柯华爵士曾经这么说过："我对于世界的重要性是微乎其微的，但从另一方面讲，我对于我自己却是非常重要的，我必须和自己一起工作，一起娱乐，一起分担忧愁和快乐。"这完全正确，人类总是以自我为中心的。如果你对这个最基本的人类本性已不再感到震惊，你就会懂得如何调节自己适应谈话了。坦率地说，和对方谈他们感兴趣的话题，实际上对你自己也是有益的，尽管他们所爱好的和你所爱好的可能不尽相同。你可以先满足他们的自尊心，然后再满足你自己的。这是一种自嘲吗？完全不是。如果你能够谦恭诚恳地对待你的亲人和朋友，想象着他们对于你有多么重要，你就会发现他们在你生活中的意义的确不容忽视，同时，你还会发现你自己对于他们也变得越来越重要了。我们大家都期望能得到别人的赞扬，而且还会因此更加追求上进。总有一天，你会欣喜地认识到这样一个事实：任何一个看上去有缺陷、不聪明或反复无常的人身上都存在一些美好的东西。

心理分析专家认为，精神病患者一旦开始对别人及其他自我之外的事物产生兴趣，就说明他已进入健康阶段了。

如果说关注自我到了一定程度就是疯狂的表现，那么可以说没有一个人是绝对正常的。然而，我们愈是同他人交往——给予而不是索取，那我们就会愈接近正常了，除此之外，你还会有一个收益：你越关心别人，别人也就越关心你；你越尊重别人，你也能更多地受到别人的尊重。如果你能真正对别人产生兴趣，这种兴趣会自然地溢于言表。你会和他分享甘苦，在他需要时竭力相助。你将发现别人教给你的东西要远远超过你能教给别人的。所以，请不要犹疑，尽快传出你手中的球，保持传递，让别人接住，传回来。你传递的技巧越好，这游戏就越生动有趣。

不懂节制是最恶劣的语言习惯之一。那些说话漫无边际，累赘重复，东拉西扯，废话连篇的人很快就能发现：他们其实只是在自言自语，因为听众早就像《爱丽丝梦游奇遇记》中的那只小猫一样灵魂出窍了。

亚历山大·史密斯将军在国会中的发言一向以冗长而不着边际著称。有一次，他对政敌亨利·克雷说："先生，你是代表当代发言，而我却是为下一代说话。"克雷这样回答："是的，不过你的发言，听上去好像是看到听众来了才匆匆忙忙决定开口的。"没有准备的漫谈是一种不太容易克服的语言习惯。当堂·吉诃德指责桑丘·潘沙讲的故事重复太多，条理混乱时，潘沙为自己辩护道："这就是我的同胞们讲故事的方式，大人要我改变旧习是不公平的。"也许大多数人都对此有些同感。

无论是和一位朋友交谈，还是在数千人的场合演讲，如果说有什么应该用红颜色标出来的要点，那就是："说话扼要切题。"那些担任企业行政主管职位的人几乎都认为：在商业场合里，最让人头疼的就是说话不安排条理的习惯。不知道有多少人的时光都因此被销蚀一空——浪费在那些信口开河，多余无聊的话题中去了。其中有位工程顾问，他的任务是劝说制造商降低生产成本。他发现，有时只需两滴胶水就可做好的事，而人们往往要用五滴以至更多的胶水。这种浪费不仅将导致工厂的生产费用增加，而且，还需要工人们花费更多的时间去把多余的胶水擦掉。

同样，谈话也往往会有多余之处，一个字就可以说明白的话偏偏要用上整整一打字。特别是那些儿女已经长大成人，空闲时间开始越来越多的妇女，她们说话时，不惜在种种细枝末节上耗费大量口舌，投入无数的光阴，而这些话只有理发师或者美容师才会去听——也许是因为付给他们的报酬就包括这么一项吧。

"约翰，"史密斯太太说，"我记得你打电话是在上礼拜二的 11 点，因为就在接你的电话前，琼斯太太来向我借过面粉。我记得清楚极了，因为她当时穿了件粉红色的、缀着金纽扣的新衣服……"我们希望这位史密斯太太的言谈不会让你联想到自己。如果你说话的目的是要告诉别人一件事，那就直截了当地说出来，不必扯得太远。漫无边际的谈话，可能是思路混乱的表现，也可能是委婉曲折地达到目的的手段。不过，对更多人来说，那只不过是一种坏习惯，纠正这种习惯其实比一个烟鬼戒掉多年的烟瘾要容易得多。

如果你发现自己就有信口开河的习惯，不妨想象你是在花费高价长途电话。

在关键时刻要先发制人

我们在前面所讲的后发制人只适用于一般的情况，因为它常常是厚积而薄发的。但是，面对生活和事业中的千钧一发时刻，如果后人一手，而不能先发制人，常常会导致败局。

佐佐木基田是日本神户的一位大学毕业生，他毕业后在一个酒吧打短工时，遇到一位中东来的游客，二人说话很投机，于是游客慷慨地送给他一只很有特色的奇妙的打火机。这只打火机妙就妙在：每当打火，机身便会发出亮光，并且随之出现美丽的图画；火一熄，画面也便消失。

佐佐木反复摆弄、玩味，觉得十分美妙、新奇。于是他向游客阿拉罕打听这种打火机是哪里生产的，阿拉罕回答他是在法国买的。

佐佐木灵机一动，心想要是能代理销售这种产品，一定会受很多人尤其是年轻人欢迎，肯定还能赚一大笔钱。他一面想，一面就行动起来。他想办法找到法国打火机制造商地址，写信给他，十分恳切地要求代理这种产品。最后他花 1 万美元获得了这种打火机的代理权。

当佐佐木"搞定"打火机代理权时，日本也有几个商人想获取法国打火机的代理权，结果让名不见经传的佐佐木捷足先登取得了。若佐佐木没有"先发制人"，他很可能竞争不过其他有代理商品经验的商人。在推销打火机的过程中，佐佐木不停地想想这，想想那，受这种神奇打火机的启迪，他的灵感再次触动，想到了成人玩具，于是下决心发展成人玩具事业。

　　他从探究法国打火机的诀窍入手，先掌握其窍门，再进行改造，并由打火机推及至水杯等，设计制造了能够显示漂亮画面的水杯产品，大受日本人欢迎。

　　他造出的这种水杯，盛满一杯水时便出现一幅美丽逼真的画面，随水位的不同，画面也发生变化。人们用这种杯子品茶闲谈，简直是一种享受，于是都对这种杯子爱不释手。

　　佐佐木积累资金后开办了一个成人玩具厂，专制打火机、火柴、水杯、圆珠笔、锁匙扣、皮带扣等带有奇妙特色的产品。这些产品市面上不是没有，但佐佐木总是先人一步，在某项功能或某种款式上下功夫，做到人无我有、人有我优，总之，要弄得有别于他人。他凭着才气和灵活的头脑，赤手空拳闯天下，终于由一个穷书生变成了腰缠百万贯的富翁。

　　奇妙的打火机引导着佐佐木走上了神奇的发家之路。"先发制人"是指比对方抢先一步，也就是"快打慢"的手段。但怎样打法呢？那就得看看要打的是什么人，环境怎样了。比如你想发展某人为客户，想引起你的领导的注意，"先发制人"往往胜数要大些。尤其是对偶然性的机遇，你更是要抢先一步，因为时机不会等人。

算成局

算明白自己每一步的走法

有算则胜，无算则垮，这是人人皆知的成功术。"算成局"就是根据自己的人生目标，区分清楚成与败的概率，不误入失败的圈套，把主动权时刻牢牢掌握在自己手上。天下能成事的人，没有一个不是算局之高手。

第5章
以智胜人：活用古代成功者的灵动之计

聪明的指数是看不见的，却实实在在潜存于那些灵动者的头脑中——他们拥有非常灵活的思维，掌控着自己的每一次谋算之局。

以柔道行事，制刚猛对手

柔能克刚，是智者为人处世的一种策略，以柔胜刚，是智者为人处世的一种妙计。柔中含刚，刚中存柔，刚柔相济，不偏不倚，才是智者为人处世的正宗。这一理想化的处世方式，以一个小小的太极图表现得最为形象。在一个圆圈中有一个白色的阳鱼和一个黑色的阴鱼，阳鱼头抱阴鱼尾，阴鱼头抱阳鱼尾，互相纠结，浑融婉转，恰成一圆形，无始无终无头无尾，无前无后，无高无下。最妙的是阴鱼当中有阳眼，阳鱼当中有阴眼，相互包容，相互蕴含，相互激发，相互转化而又相互促生。这个小小的太极图却包含了为人处世的最高准则——"柔道"。

中国历史上的许多以"柔道"处世、以"柔道"治国的成功事例，早已证明"柔道"比"刚道"更加行之有效。"柔道"的事半功倍、为利久远之特点，更是"刚道"所远为不及的。

汉朝的刘秀是一位以柔开国、以柔治国的皇帝。他以"柔"为主，在政治、军事诸方面也都体现出了这种精神，应该说他把中国的"柔道"发挥到了一个很高的境界。

刘秀生于公元前 6 年 12 月，是汉高祖刘邦的九世孙。其父刘钦是南顿县令，在刘秀九岁时病故，此后，刘秀与哥哥刘縯便被叔叔收养。据说刘秀身长七尺三寸，美髯朗目，大口隆准，生有帝王相。刘秀好稼穑佣耕，他的哥哥就经常讥笑他。一次到亲戚家做客，宾朋满座，贵客云集，主人蔡少公精通图谶之学，在述及谶语时说道："将来刘秀必为天子。"原来王莽的大臣刘歆精通谶文，故改名为刘秀，大家也以为是大臣刘秀。谁知座上忽起笑声："怎见得不是呢？"大家回头一看，竟是刘縯的弟弟刘秀，不禁一阵哄堂大笑。

刘秀 28 岁的时候，王莽的"新政"很不得人心，加上天灾人祸，各地的农民纷纷起义，尤其是绿林、赤眉两支起义军，声势浩大，直可与王莽军一较高低。在这种风起云涌的形势下，刘秀借南阳一带谷物歉收，与兄刘谋划起义，得众七八千人。刘秀起义后，逐渐与当地的其他起义军联合，一度并入绿林军。公元 23 年 2 月，绿林军为了号召天下，立刘秀的族兄刘玄为帝，年号更始，绿林军的势力得到了迅猛的发展，以至王莽"一日三惊"。王莽纠集新朝主力约42万人，号称百万，派大司空王邑、大司徒王寻率领，直扑绿林军。刘秀等人放弃阳关，率部退守昆阳。昆阳守军只有八九千人，敌人则连营百里，势力太过悬殊。有些人主张分散撤出，刘秀坚决反对，认为如果并力御敌，尚有保全的希望，如果分散突围，必被包围消灭。他亲自率领十三骑趁夜突出南门求救，他说服了定陵、郾城等地的起义军，亲率精兵数千人偷渡昆水，突袭敌人，使敌人手忙脚乱，阵脚不稳，终至大败。昆阳之战是中国军事史上以少胜多的光辉范例，也为起义军推翻新莽政权奠定了基础。自打败了王邑、王寻的军队以后，刘秀兄弟两人威名日盛，这就遭到另一派起义军将领的嫉妒，加上刘当初曾反对立刘玄为帝，正好借此进谗，说刘不除，终为后患。刘玄懦弱无能，并无主张，便听了人言，准备伺机发难。不久起义军内部发生了分裂，刘秀的哥哥刘被杀。

刘秀当时正在昆阳，听到哥哥被杀，十分悲痛，大哭了一场，立即动身来到宛城，见了刘玄，并不多说话，只讲自己的过失。刘玄问起昆阳的守城情况，刘秀归功于诸将，一点也不自夸自傲。回到住处，逢人吊问，也绝口不提哥哥被杀的事。既不穿孝，也照常吃饭，与平时一样，毫无改变。刘玄见他如此，反觉得有些惭愧，从此更加信任刘秀，并拜为破虏大将军，封武信侯。其实刘秀因为兄长被杀而万分悲痛，此后数年想起此事还经常流泪叹息。但他知道当时尚无力与平林、新市两股起义军的力量抗衡，所以隐忍不发。刘秀的这次隐忍，既保全了自己，又在起义军中赢得了同情和信赖，为他日后自立创造了一定条件。

等到起义军杀了王莽，迎接刘玄进入洛阳，刘玄的其他官属都戴着布做的帽子，形状滑稽可笑，洛阳沿途的人见了，莫不暗暗发笑。唯有司隶刘秀的僚属，都穿着汉朝装束，人们见了，都喜悦地说："不图今日复见汉官威仪。"于是，人心皆归刘秀。

刘玄定都洛阳以后，便欲派一位亲近而又有能力的大臣去安抚河北一带。刘秀看到这是一个发展个人力量的大好机会，便托人往说刘玄。刘玄同意了这个请求，刘秀就以更始政权大司马的身份前往河北，开始了扩张个人势力、建立东汉政权的活动。

当时的河北有 3 股势力：最大的是王郎，他自称是刘邦的后代，号召力很大；其次是王莽的残余势力；再次是铜马、青犊等农民起义军。刘秀在河北每到一地，必接见官吏，平反冤狱，废除王莽的苛政，恢复汉朝的制度，释放囚犯，慰问饥民。所做之事，均都顺应民心，因而官民喜悦。

当时，有一个叫刘林的人向他献计说："现在赤眉军在黄河以东，如果决河灌赤眉，那么百万人都会成为鱼鳖了。"刘秀认为这样太过残忍，定会失去民心，就没有这样做。刘秀初到河北之时，兵少将寡，地方上各自为政，无人听他指挥，虽能"延揽英雄，务悦民心，立高祖之业"，但毕竟没有大量军队。他为王郎所追杀，曾多次陷入窘境。后来，他逐渐延揽了邓禹、冯异、寇恂、铫期、耿纯等人才，又假借当地起义军的名义招集人马，壮大声势，并联合信都、上谷、渔阳等地的官僚集团，才算站住了脚。由于他实行"柔道"政策，服人以德不以威，众人一旦归心，就较为稳定。

刘秀认为"柔能制刚，弱能制强"，他多以宽柔的"德政"去收揽军心，很少以刑杀立威，这一点，在收编铜马起义军将士时表现得最为突出。当时，铜马起义军投降了刘秀，刘秀就"封其渠帅为列侯"，但刘秀的汉军将士对起义军很不放心，认为他们既属当地民众，又遭攻打杀掠，恐怕不易归心。铜马起义军的将士也很不安，恐怕不能得到汉军的信任而被杀害。在这种情况下，刘秀竟令汉军各自归营，自己一个人骑马来到铜马军营，帮他们一起操练军士。铜马将士议论说："肖王（刘秀）如此推心置腹地相信我们，我们怎能不为他效命呢？"刘秀直到把军士操练好，才把他们分到各营。铜马义军受到刘秀的如此信任，都亲切地称他为"铜马帝"。

在消灭王郎以后，军士从王郎处收得了许多议论刘秀的书信，如果究查起来，会引起一大批人逃跑或者造反。刘秀根本连看都不看，命令当众烧掉，真正起到了"令反侧子自安"的效果，使那些惴惴不安的人下定决心跟随刘秀到底。公元25年，刘秀势力十分强大，又有同学自关中捧赤伏符来见，说刘秀称帝是"上天之命"，刘秀便在诸将的一再请求下称帝，年号光武，称帝之后，便和原来的农民起义军争夺天下，此时，他仍贯彻以柔道治天下的思想，这对他迅速取得胜利起到了很大的作用。

刘秀轻取洛阳就是运用这一思想的成功范例。当时，洛阳城池坚固，李轶、朱鲔拥兵30万。刘秀先用离间计，让朱鲔刺杀了李轶，后又派人劝说朱鲔投降。但朱鲔因参与过谋杀刘秀的哥哥的事，害怕刘秀复仇，犹豫不决。刘秀知道后，立即派人告诉他说："举大事者不忌小怨，朱鲔若能投降，不仅绝不加诛，还会保其现在的爵位，并对河盟誓，绝不食言。"朱鲔投降后，刘秀果然亲为解缚，以礼相待。

公元 27 年，赤眉军的樊崇、刘盆子投降，刘秀对他们说："你们过去大行无道，所过之处，老人弱者都被屠杀，国家被破坏，水井炉灶被填平。然而你们还做了三件好事：攻破城市、遍行全国，但没有抛弃故土的妻子；第二件是以刘氏宗室为君主；第三件事尤为值得称道，其他贼寇虽然也立了君主，但在危急时刻都是拿着君主的头颅来投降，唯独你们保全了刘盆子的性命并交给了我。"于是，刘秀下令他们与妻儿一起住在洛阳，每人赐给一处宅屋，二顷田地。就这样，刘秀总是善于找出别人的优点，加以褒扬。

刘秀极善于调解将领之间的不和情绪，绝不让他们相互斗争，更不偏袒。贾复与寇恂有仇，大有不共戴天之势，刘秀则把他们叫到一起，居间调和，善言相劝，使他们结友而去。对待功臣，他绝不遗忘，而是待遇如初。征虏将军祭遵去世，刘秀悼念尤勤，甚至其灵车到达河南，他还"望哭哀恸"。中郎将来歙征蜀时被刺身死，他竟乘着车子，带着白布，前往吊唁。刘秀这种发自内心的真诚，确实赢得了人心。刘秀实行轻法缓刑，重赏轻罚，以结民心。他一反功臣封地最多不过百里的古制，认为"古之亡国，皆以无道，未尝闻功臣地多灭亡者"。他分封的食邑最多的竟达六县之多。至于罚，非到不罚不足以惩后时候才罚，即便罚，也尽量从轻，绝不轻易杀戮将士。邓禹称赞刘秀"军政齐肃，赏罚严明"，不为过誉。

在中国历史上，往往是"飞鸟尽，良弓藏；狡兔死，走狗烹；敌国灭，谋臣亡"，但唯独东汉的开国功臣皆得善终，就这一点，就足以说明刘秀"柔道"治国的可取性。刘秀在称帝之前就告诫群臣，要"在上不骄"，做事要兢兢业业，如履薄冰，如临深渊，日慎一日，等等。在后来的岁月里，刘秀始终如一地自戒戒人，这种用心良苦的告诫，虽不能从根本上扭转封建官场的习气，但毕竟起了一定的作用。当时军中武将多好儒家经典，就是很好的证明。

刘秀算是善用柔道了。关于柔之为用，《老子》早就有过经典的论述，汉代刘向的《说苑》记载的韩平子与叔向的对话也意味深长。韩平子问叔向说："刚和柔哪个更坚固？"叔向回答："我年纪已经大了，牙齿已经完全脱落，而舌头还存在。老子曾经说过：'天下最柔弱的，能够进入到最坚固的境地。'又说：'人活着的时候是很柔弱的，死了以后变得坚硬。万物草木活着的时候柔弱脆嫩，死了以后就干枯。'由此看来，柔弱的是属于活着的一类，强硬的是属于死了的一类。活着的如果被损毁就一定能够复原，死了的被破坏就更加趋向毁灭。由此看来，柔弱比刚强还要坚固。"平子说："说得好！那么你顺从哪一点呢？"叔向说："我是活着的，为什么要顺从刚强呢？"平子说："柔弱难道不是脆弱吗？"叔向说："柔弱的东西打成结不至折断，有棱角也碰不掉，怎么能算是脆弱呢？上天的意旨是让微弱的取胜。所以两军相遇，柔弱的一方一定会战胜另一方；两仇互相争利，柔弱的一方能够获取。《易经》上说：'天象的规律是损满盈以增益谦虚，地上的规律是改变满盈而流向谦下，鬼神降灾给满盈而赐福给谦让，人世的规律是厌恶骄傲而喜欢谦逊。'只要能抱着谦逊不自满的态度，虽然柔弱，也会得到天地鬼神的帮助，哪里能不得志呢？"平子说："说得好。"

刘秀"柔道"兴汉，少杀多仁，不论是军事、政治还是外交等方面都治理得很好。曹操以奸诈成功，刘秀以"柔道"而得天下，看来，儒、道理论并非迂腐之学，只要运用得当，完全可以比别的方法更有效，更好。

必须指出的是，不论在历史中还是现实中，刚者居多，柔者居少，若能以柔为主，寓刚于柔，其表现方式往往就是"柔道"。然而，尽管"柔道"是治国治民、为人处世的最佳方法，却由于贪婪、暴躁、逞一时之快、急功近利、目光短浅等人性中的弱点，人们一般不去施用，或是施行得不好。

以退为进才能站稳脚跟

人生的成败与进退之术有很重要的关系，不善进退者，很容易在该进时退，在该退时进，自然会成为失败者。我们知道，急进者常常会自以为聪明至极，所以冒进结果往往是失败。因此，进是基于摸准对方心理的行为。只有摸准对方，才能进行有效的行动，这是人生成功的基本道理。有头脑的人在这方面做得很出色，即摸透对手的弱点，以退为进，把"退功"发挥得淋漓尽致。

汉成帝绥和元年（公元前 8 年），38 岁的王莽当上大司马。辅政才一年多，成帝就去世了。哀帝即位，39岁的王莽成了先帝老臣。一朝天子一朝臣。王莽应该退位，让新的天子组织新的朝廷。太后就诏令王莽就第，回到自己的封地去。

汉代制度，刘氏子弟封王立国，如刘濞立为吴王，管三郡五十三城，称为吴国。景帝子刘端立为胶西王，则有胶西国。有王有国，所谓"王国"。这些都是诸侯王、诸侯国，与大一统的国家是不同的概念。大的诸侯国像吴国管三个郡，小的如胶西国只有一个郡，刘端死后，胶西国改为胶西郡。汉武帝时，胶西与城阳、甾川、济南、济北国合并为齐郡。从《汉书·地理志》中可以看到，郡所属的县，也称国，或侯国。如汝南郡所属的阳城、安成、南顿、宜春、女阴、弋阳、上蔡、项、归德、安昌、安阳、博阳、成阳等县都是故国或汉代侯国。被封为列侯的，就有一个地盘相当于县那么大，属于其统治范围，每年从在这地盘上生活的百姓那里收取租税，供自己消费。这就是侯国，也简称国。在自己的国中有自己的宅第。许多封了侯的人并不在自己的封地上生活，而是到朝廷参与政事。有些诸侯王也在首都居住，并没有到封地上。有时，由于政治斗争的原因，不让列侯参与政事，就要遣送他"就国"或"就第"。如果有罪，那就"免为庶人"，更严重的罪行，就要法治。"就国"是保留爵位，免去官位职权。"免为庶人"，就是取消爵位，成为平民百姓。

太后要王莽"就第"，就是要王莽回到封地去。王莽封的是新都侯，地址是南阳新野的都乡，居民1500户，每年可以从这些居民中收到一定数量的赋税。他当大司马时，俸禄比较高，他就将封地上收来的赋税

（邑钱）全部用于招待士人，表现他尊贤礼士的志向。当太后要他"就第"时，他就"上疏乞骸骨"。臣子向皇帝写信，就叫上疏。"乞骸骨"是中国封建时代的特殊用语，是官员向皇帝提出辞职退休的意思。乞求皇帝允许他将骸骨带回故里或封地。

刚即位的哀帝派遣尚书令告诉王莽，说明不同意他辞职。又派丞相孔光、大司空何武、左将军师丹、卫尉傅喜向太后请求，说"大司马即不起，皇帝即不敢听政"。王莽不管事，皇帝就不干了。在这种情况下，太后又令王莽干事。似乎在皇帝请求、太后允许、各大臣拥护下，王莽才出来辅政。这么"乞骸骨"，提高了身份，更巩固了他"大司马"的地位。在身处各种角逐场中的人，常会遭到意想不到的危机。我们从历史上看到，李斯得到秦始皇的信任，却死于秦二世手里，贾谊得到汉文帝的赏识，却遭一批老臣的排挤。有赤诚之忠心者如比干、如屈原、如伍员、如蒙恬、如晁错，尽忠而死者比比皆是，因而留下了美名。文天祥的两句诗对此作了概括："人生自古谁无死，留取丹心照汗青。"有狡猾手段的如赵高，如后来的秦桧之流，虽然曾经一时得势，终究不能长久，也常有大祸临头的时候。因此，子石登吴山而四望，感慨而叹息："欲明事情（说真话），恐有抉目（伍员）剖心（比干）之祸；欲合人心（附和当政者），恐有头足异所（纣四臣）之患。"可见，君子常处于左右为难、进退维谷的危险境地中。后人有"伴君如伴虎"的说法。

王莽身居"三公"的大司马之位，又是太后的侄儿，似乎非常稳当了，而突然遭变，则出乎意料。当时，哀帝的祖母定陶傅太后和母亲丁姬都健在，高昌侯董宏拍皇帝的马屁，提出："《春秋》之义，母以子贵，丁姬宜上尊号。"儿子当了皇帝，亲生母亲丁姬应该有尊贵的称号。秦始皇的生母夏氏和养母华阳夫人，在秦始皇即位以后都称为太后。意思是说丁姬也应当尊为"太后"。这时左将军师丹和大司马王莽共同攻击董宏，说他引亡秦作比喻，是"大不道"。哀帝新接班，采纳老臣的意见，"免宏为庶人"。傅太后大怒，强迫哀帝给她上尊号。哀帝就将傅太后尊为共皇太后，丁后为共皇后。这时有人又提出：定陶共皇太后中的这个"定陶"番号与皇太后这个大号不协调。应该去掉"定陶"这个番号，许多人表示同意。但哀帝的师傅师丹不同意，用定陶是妻从夫之义。定陶共皇的妻子当然要用定陶共皇太后。定陶共皇名义已经先确定了，就不能改动。儿子不能给父亲授予爵位，这是对父母的尊重，怎么能改动父亲的爵号呢？这自然只是一场争论。

后来有一天，皇帝在未央宫设宴，主持者为傅太后安排一个座位，靠在太皇太后旁边。实际上，傅太后与元太后处在同等尊贵的地位上。王莽去视察，发现这种安排，认为傅太后是藩妾（指定陶），怎么能跟至尊的太皇太后并列，就让主持者撤去这个座位，在别处另设一个座位。傅太后知道后，大发雷霆，不肯赴宴，痛恨王莽。

王莽怎么办？他再一次"乞骸骨"，希望还像上次那样，有太后和其他同僚出面保荐，皇帝真诚挽留。但是，他的希望落空了。没有谁敢于出面保荐，皇帝也没有挽留他的意思，赐给他黄金500斤，安车驷马，罢掉大司马的职务，不到40岁就回到自己的封地养老去了。王莽走后，公卿大夫大多称颂王莽的政绩，皇帝耳软，又加恩宠，派使者到王莽家，又将黄邮 350 户加封给王莽。两年后，傅太后、丁姬都称尊号，这时，丞相朱博就出来翻老账，说王莽当时反对给傅太后、丁姬上尊号，是亏损孝道，应该斩首示众。幸蒙宽赦，也不应该有爵位，请求免为庶人。朱博主张取消王莽爵位。这时，皇帝心软，王莽又与太皇太后是亲属关系，不同意免为庶人，只是遣他回自己的封地去。宫内有傅太后经常发难，朝廷上有丞相朱博这一类人揪住王莽不放松，别人也帮不上忙，连太皇太后也感到无能为力，汉哀帝也逐渐向傅太后屈服，而王莽的处境就十分困难了。

尽管在不利的情况下，王莽也有保护自己的能力。他首先采取杜门谢客的办法，夹着尾巴做人，少跟外人来往，避免惹是生非。其次，处事谨慎，严以律己，他的第二个儿子王获杀了奴仆，王莽狠狠地责备了一番，还要他自杀。这也是逆境中自我保护的一种办法。第三，王莽回到新都封地时，南阳太守派孔休为王莽服务，王莽患病，孔休做了护理工作，王莽很感激，就将玉器和宝剑送给孔休，孔休不肯收。孔休可能怕因此受到牵连，这也说明王莽当时的处境。

从上面的例子中，我们可以发现，以退为进之道是一种在不得已的情况下，解决问题的最稳妥的办法。这一方法的关键之处在于，"退"千万不可以是逃之夭夭，而是进之前的能量蓄积。

大智大勇，总能占得先手

大智大勇，强调一个人成大事的两面性，缺一可能就会显得单薄。的确，智勇双全者，总能占得先手，可以把对手控制在自己的手中。但是大智大勇是有前提的，即智强调摸透人心，而勇强调治服对手。

大智大勇，是要把主动权攥在手中，从而识破敌计，并在敌计变化前巧妙实施己方的计策，就能够掌握主动权，从而大获全胜。

汉景帝即位不久，吴王刘濞勾结早已蓄谋造反的六个诸侯王，统率20万大军，势如破竹地杀向京城。汉景帝任命中尉周亚夫为前线统帅，火速赶往前线，挡住刘濞。周亚夫情知战事险危，只带了少数亲兵，驾着快马轻车，匆匆向洛阳赶去。行至灞上，周亚夫得到密报：刘濞收买了许多亡命之徒，在自京城至洛阳的崤渑之间设下埋伏，准备袭击朝廷派往前线的大将。周亚夫果断避开崤渑险地，绕道平安到达洛阳，进兵睢阳，占领了睢阳以北的昌邑城，深挖沟，高筑墙，断绝了刘濞北进的道路。随后，又攻占淮泗口，断绝了刘濞的粮道。刘濞的军队在北进受阻之后，掉头倾全力攻打睢阳城，但睢阳城十分坚固，而且城内有足够的粮食和武器。守将刘武因为得到了周亚夫的配合，率汉军拼死守城，刘濞在睢阳城下碰得头破血流后，又转而去攻打昌邑，以求一逞。

周亚夫为了消耗刘濞的锐气，坚守壁垒，拒不出战，刘濞无可奈何。

渐渐的，刘濞因粮道被断，粮食日见紧张，军心也开始动摇。刘濞害怕了，他调集全部精锐，孤注一掷，向周亚夫坚守的壁垒发起了大规模的强攻，战斗异常激烈。

刘濞在强攻中采取了声东击西的战略，他表面上是以大批部队进攻汉军壁垒的东南角，实际上将最精锐的军队埋伏下来准备攻击壁垒的西北角。但是，周亚夫棋高一着，识破了刘濞的计策，当坚守东南角的汉军连连告急请派援兵时，周亚夫不但不增兵东南角，反而把自己的主力调到西北角。果然，刘濞在金鼓齐鸣之中，突然一摆令旗，倾其精锐，以排山倒海之势向壁垒西北角发起猛攻，而且一次比一次更猛烈。

激战从白天一直打到夜晚，刘濞的军队在壁垒前损失惨重，勇气和信心丧失殆尽，加之粮食已经吃光，只好下令撤退。周亚夫哪肯放过这一大好时机，他命令部队发起全面进攻，只一仗就把刘濞打得落花流水。刘濞见大势已去，带着儿子和几千亲兵逃往江南，不久就被东越国王设计杀死。周亚夫乘胜进兵，把其余六国打得一败涂地。楚王、胶西王、胶东王、淄川王、济南王和越王先后自杀身亡，一场惊天动地的"七国之乱"就这样被平息了。周亚夫以其大智大勇，力挽狂澜，为汉朝的兴盛作出了贡献。也许，在大多数情况下，非常的方法，非常的手段，是制敌取胜的法宝。当然，这样做是需要大智大勇的。

齐桓公是春秋时期最先称霸的霸主。由于实力雄厚，便不断对外发起战争，扩大领土。公元前681年，齐国与鲁国多次交战，鲁国屡战屡败，鲁庄公只好割地求和，双方约定在柯（今山东阳谷东）地举行签约仪式。鲁国有位大将姓曹，名沫。曹沫力大无比，又有智谋，对齐桓公以强凌弱的做法大为愤慨，但是，又奈何不了齐桓公，思来想去，决心乘鲁齐在柯地会盟之机，教训一下齐桓公。齐桓公拥重兵到达柯地，曹沫作为鲁庄公的侍卫也参加了会盟仪式。仪式开始后，鲁庄公和齐桓公同时登上会盟仪式的"坛"，正在这时，曹沫突然跳到坛上，一手抓住齐桓公，一手拔出藏在战袍下的匕首，对准了齐桓公。齐桓公被这突如其来的袭击吓得面无人色，挣扎了几下，曹沫力大，齐桓公挣脱不了，只好战战兢兢地问："你……你想干什么？"曹沫道："你们齐国以强自恃，到处欺负我们小国，我们鲁国已经没有多少土地了，你还不放过，我现在只求你把齐国夺走的土地归还给鲁国，否则，我和你一起死在这里！"齐桓公望着寒光闪闪的刀刃，说："这……好办，我答……答应就是。"曹沫说："这样答应不行，你要当着坛下的贵宾和所有的人宣布，齐国归还鲁国的土地！"这时坛下的齐国将士想上前营救齐桓公，但又害怕曹沫一匕首刺杀齐桓公，一个个束手无策。齐桓公迫于无奈，只好照着曹沫的话当众宣布归还鲁国的土地。会盟仪式结束后，齐桓公灰溜溜地回到齐国，越想越感到有失体面，不但不准备把土地归还鲁国，还想起兵灭掉鲁国。相国管仲劝道："君子言必信，行必果，大王既然已经当众答应了鲁国，再兴兵伐鲁，岂不是失信于诸侯？这样做实在是因小失大！"齐桓公对管仲言听计从，便把靠战争夺到的国土如数归还给了鲁国。曹沫用其大智大勇，为鲁国立下了汗马之功。

可见，大智大勇者总能占得先手，因为他们一知对方心思，二知怎样收服对方。如果退缩，乃无成，人必败。

郭子仪，是唐朝一代名将。他的大智大勇，先下手战术多次令唐朝转危为安。唐代宗宝应二年（公元763年），西北边疆少数民族吐蕃纠集回纥等其他民族共20多万人气势汹汹地杀入大震关，一度攻入京都

长安。唐代宗命长子李适为元帅驻守关内，命老将郭子仪为副元帅，率
兵赴咸阳抵御。郭子仪在平定安史之乱时与回纥建立了友好关系，他勇
敢善战，身先士卒，回纥人十分钦佩，都称他为"郭公"。郭子仪决定
利用这种关系拆散回纥与吐蕃的联盟，把回纥拉到自己这边，共同对付
吐蕃。

为此，郭子仪派部将李光瓒去"拜访"回纥头领药葛罗。药葛罗得
知郭子仪来了，大为惊异，因为他在出兵前就听说郭子仪和唐代宗已经
死了，于是提出要见见郭子仪。

李光瓒回到军营，将药葛罗的话转告给郭子仪，郭子仪立即决定到
回纥军营去亲自跟药葛罗"叙叙旧"。郭子仪的儿子和众将领纷纷劝说
郭子仪不能去冒险，又说："即使去，最少也要带五百精兵作护卫，以
防万一。"郭子仪笑道："以我们现在的兵力，绝不是吐蕃和回纥的对手。
如果能说服回纥退兵，或者说服回纥与我们结盟，那就能打败吐蕃。冒
这个险，我看值得！"说罢，只带领几名骑兵向回纥军营进发，同时派
人先去回纥军营报信。

药葛罗及回纥将领听说郭子仪来了，都大惊失色。药葛罗唯恐有诈，
命令摆开阵势，他本人弯弓搭箭立于阵前，时刻准备开战。郭子仪远远
望见，索性脱下盔甲，将枪、剑放在地上，独自打马走上前。药葛罗见
来者果然是郭子仪，立即召唤众将跪迎郭子仪入营。郭子仪见状，慌忙
下马，将药葛罗及众将搀起，携手进入军营。

郭子仪对药葛罗说："回纥曾为大唐平定安史之乱出过不少力，唐
王也待回纥不薄，这一次为什么反要来攻打大唐呢？"药葛罗羞愧地说：

"郭公在上，我们回纥人不说假话，这一次出兵实在是被大唐叛将仆固怀恩骗来的。仆固怀恩说郭公和代宗都已不在人世，如今郭公就在眼前，我们马上退兵！"郭子仪说："我们大唐兵多将广，像安禄山、史思明这样的叛乱都能被平定下去，吐蕃与安、史相比尚且不如，哪里会是大唐的对手！如果回纥能与大唐联手，共同打败吐蕃，代宗皇帝一定会感谢你们的。"药葛罗激动地说："我们回纥听郭公的！就这么办！"说罢，命令士兵取酒来，要与郭子仪盟誓，郭子仪连连拱手致谢。

回纥人十分讲信义，盟誓之后，立即调兵遣将，向吐蕃发起攻击，郭子仪也倾全军精锐同时向吐蕃发起进攻。吐蕃大败，损兵折将数万，仓皇逃命而去。

郭子仪正是凭借自身无与伦比的勇气和胆识，先发制人，使回纥人折服，又动用高超的智慧，巧妙凭借回纥与己方的力量对比，对回纥人晓之以利，最终化敌为友，赢得了胜利。

众人拾柴火焰高

"众人拾柴火焰高"，讲的是把大家的力量集中起来，就会形成一股合力，产生出强大的威力。做人办事要想成功，就应当善用此道，以便把本来难以办成的事办成。

"联吴抗曹"，是诸葛亮在《隆中对》中提出的外交政策。在这篇著名的文章中，诸葛亮根据当时的客观形势，向刘备提出了合理的建议。他在《隆中对》说道：自董卓以来，各路豪杰并起，跨州连郡者，更是不可胜数。曹操和袁绍相比，名不大兵不多，但曹操能克制袁绍，以弱胜强，这不仅仅只能归于天时，重要的还在于人谋。如今，曹操已拥有百万之众，挟天子以令诸侯。这一点是我们所无法抗衡的。孙权据有江东，已历三世，国力较强，且拥有众多贤能之人。所以，我们只可与援而不可争锋。荆州北据汉沔，利尽南海，东连吴会，西通巴蜀，这是用武之地，但是其主不能守，将军可以把它夺过来。益州地形险要，沃野千里，是天府之国，所以高祖才因此而成功帝业。刘璋之地，民殷国富，却不知存恤，那些智能之士思得明君。将军是帝室后代，信义著于四海，总揽英雄，思贤如渴。如果利用机会将荆州和益州争夺过来，然后再将其加以巩固，西和诸戎，南抚夷越，外结好孙权，内修政理，则我们的江山就十分稳固。即使天下真的有变，可命一上将统率荆州之军，直捣洛阳，将军自己亲率益州之众出于秦川，这样一来，百姓还有谁敢不真诚迎接您呢？果真如此，则霸业可成，汉家王室可以兴盛了。诸葛亮的联吴抗曹政策，刘备并没有完全采纳，尤其是在对东吴的政策上，刘备失去了重要的战略阵地。公元219年7月，关羽发兵进攻樊城，且节节胜利，曹操的樊城守将于禁投降，庞德也被擒杀。同时，关羽又出兵攻打襄阳。曹操开始震惊，便亲来洛阳指挥战斗，并曾因许都离前线较近，而打算将首都迁到邺城，后来怕因此引起人心动摇，便又停止了迁都计划。除了正面对付关羽，曹操很注意拉拢东吴。因为吴蜀之间为争夺荆州，确有矛盾。荆州是三国时代的战略重地，所以，当时的魏蜀吴三国都在争夺荆州。就孙权方面而言，刘备得益州之后，势力开始强大，如果再占据荆州，势必在他的建业上游出现一个强有力的霸主，孙权如何安心？再加上吴国的君臣对于荆益二州也是觊觎已久，如若落在刘备之手，他们的心里也很难平静。所以，当曹操写信给孙权，许诺割江南之地予孙权时，孙权便积极行动起来，一方面派吕蒙率兵偷袭关羽的根据地江陵，同时也写信给曹操，表示愿意袭杀关羽，并请求曹操不要将此军事秘密让关羽知道，以免关羽早有准备，计划外泄。这样，孙权就站到了曹操一边，形势对关羽当然不利。

不久，曹操增派十二营兵马到宛县前线，由徐晃统一指挥，开始对关羽进行反攻。这时，吕蒙偷袭江陵已经得手，关羽知道后便迅速撤退，归途中军队溃撤，大军还没有退到江陵，关羽即在十一月间被孙权擒杀。这样，曹操利用孙刘之间的矛盾，消灭关羽，不但解除了襄樊之威胁，同时也使蜀汉失去了荆州重要的战略基地。以后诸葛亮几度对魏用兵，只能出秦川一路，而无法"命一上将将荆州之众以向宛洛"；蜀汉的两面钳夹攻势，也便从此流产。此后，形势对曹魏方面是极为有利的。这种局面的形成，主要原因在于刘备对诸葛亮的联吴抗曹政策没有给予应有的重视，至少没有缓和对吴国的关系，一向小视东吴，对吴蜀联盟根本不重视。

刘备死后，诸葛亮辅助阿斗执政，将全部精力放在改革内政与对外关系问题上。诸葛亮始终主张联吴抗曹。他深知，以弱小之蜀国，与强大的魏国为敌，非先联络好吴国不可，将吴国联络好之后，即使吴国不和蜀国一同攻魏，蜀国也可无东顾之忧而全力对魏，于是，魏便不得不以一部分兵力来防范东吴。正是从此考虑，在辅政之初，诸葛亮便派邓芝出使吴国，重申旧好。孙权开始时迟迟不见。邓芝便上表说："我今天来贵地，并非仅仅只为我蜀国，同时也是为您吴国的。"这样孙权才接见了邓芝，邓芝详尽地阐述了诸葛亮的联吴抗曹政策思想。邓芝说："吴蜀两国，四州之地。蜀国有重要险阻，牢不可破，吴国也有三江贯通，可阻外敌，如果合此二长，共为唇齿，我们就会进可并吞天下，退可鼎足而立，这是再明白不过的道理。大王如果委质于魏国，那么魏国便上望贵国入朝进贡，下求太子之内侍。您若不从命，则说您是叛乱而兴兵讨伐，我蜀国也必然会顺应潮流，见机行事，争夺地盘。这样一来，江南之地便不再是大王所有的了。"

孙权觉得邓芝讲得很有道理，便决定和魏断绝关系、与蜀联合。从此吴蜀盟好多年，为诸葛亮大举兴兵攻魏，提供了有利的前提条件。就是到了终蜀之世，两国的友好关系也没有中断。实践证明，诸葛亮的联吴抗曹政策是正确的。是否可以这样来设想：倘若刘备当初听从诸葛亮的建议，坚定不移地执行联吴抗曹政策，关羽不被孙权杀害，荆州之地为蜀汉所得，那么结果又会怎样呢？三国鼎立的局面又会如何演变发展呢？这就很难断言了。

通过上例，我们可以发现，"众人拾柴火焰高"这一成事之法的巨大威力之所在。

越遇惊险越能忍

世界纷繁复杂，许多事情随时都在发生变化。有些惊险的局面由不得你乱中行动，这时的上乘举动为变乱之忍。具体来说，一是善于根据不同情况作出不同的应变，不拘泥于成规，而是根据实际情况的变化，灵活多变地运用自己的智慧去解决问题。二是要跳出思维方法的固定模式，充分发挥人的主观能动性，全方位地看问题，不怕突发的事变。三是要临变不惊，临乱不慌，处理变乱要有恒心，有决心，有勇气，不能手软心慈。四是应当多注意总结、分析，在变乱发生之前做好相应的准备工作，不至于事到临头，还不知如何应付，这样就会使自己处于被动的局面。五是面对变乱要积极地寻找处理变乱的方法，而不能慌不择路，毫无根据可循。

中国历代都发生过无数次的变乱，在这个问题上有成功地处理变乱的例子，当然，也有失败的教训。

三国时候，中郎将张辽接受曹操的命令，屯兵在长化。临出发时，军中有人谋反。这天晚上，安静的营寨里，突然四处惊呼"着火了，着火了"，部队一下子从梦中惊醒，不知究竟发生了什么事，一下子乱起来。张辽处乱不惊，对左右部将说："传令下去，这不是全军造反，是有少数人制造混乱，想以此扰乱军心，趁乱行事罢了。"张辽则率领亲兵数十人，在军营中端立不动，不久谋反的首犯就被抓住斩首示众，于是叛乱平息了。

对于变乱之忍，古人以为："志不慑者，得于预备；胆易夺者，惊于猝至。勇者能搏猛兽，遇蜂虿而却走；怒者能破和璧，闻釜破而失色；桓温一来，坦之手板颠倒，阙有谢安，从容与之谈笑。郭晞一动，孝德彷徨无措；壮也秀实，单骑入其部伍。中书失印，裴度端坐；三军山呼，张泳下马。"

以上是古人举了一些实例来具体阐明他们的观点。其中有西晋大司马桓温来朝见皇帝，孝武帝下诏让尚书谢安和侍中王坦之到新亭迎接桓温。那时，首都流言四起，说桓温这一来，会杀了王坦之和谢安。王坦之十分畏惧，谢安却不动声色。桓温到了后，文武百官拜倒在路旁。桓温摆开军队，接见这些人。王坦之浑身是汗，衣服都粘在身上了，手中的板子也拿颠倒了。谢安却十分从容，坐在位子上，对桓温说："我听说你是把守边疆的，不知你为何跑到首都来，你又为何在屏风后面布置那么多士兵呢？"桓温笑着说："我也是不得已啊！"于是桓温便命令士兵退下去了。他和谢安开怀畅谈，一直到夕阳西下。

宋朝的沈括著有《梦溪笔谈》，对他在科学方面的贡献，大家早已熟知，而他平定乱军的故事，则反映了他在另一方面的才能。沈括在延州当知州时，大将种谔临时驻军在王原这个地方，正值天下大雪，一时军中粮饷供给不上。殿值刘归仁借口回塞内来取粮饷，私自率领士兵向南逃跑。3万多士兵一下子都溃退到塞内，乱成一团，当地的老百姓见此情景都十分恐惧。这一天沈括正要到城郊去为河东返回京师的统帅饯行，突然看到跑来了几千士兵，截住一问，才得知是回来取粮饷的。沈括问前边当兵的："副都总派你们回来取粮食，主管的人是谁，他在什么地方？"士兵们说："在后头。"沈括看到乱哄哄的士兵，立即下令叫他们各自回到自己屯兵的地点，没有命令不许到处乱跑。不到10天，溃散的士兵全都回来了。沈括依旧屯兵不动，刘归仁这时才匆匆赶来。沈括质问他："你是回来取粮饷的，为何却没有那统帅交给你的兵符？分明是擅自南逃，违背军令。"于是斩了刘归仁示众，乱军一下子稳定了下来。临变有制，通达变化，这是真正勇敢的人才能为之的事情。在历史上许多变乱中，有些人善于根据实际情况，灵活运用自己的智慧能力去解决问题的事例也不少。

东晋咸和二年（公元327年），属后将军郭默假传皇帝的诏令，袭杀江州刺史刘胤，自己坐上江州刺史的宝座。

消息传来，举国上下很震惊和气愤。陶侃得知这件事以后，也义愤填膺，觉得刘胤死得不明不白，里面肯定有文章。

陶侃召来部将说："郭默骁勇暴虐，目无法纪，所到之处，洗劫一空，实在是国家的祸害，人民的罪人。现在假传皇帝的命令，捏造事实，杀死了刘刺史，真是天理难容，我决定兴师问罪，为民除害，伸张正义。"将士们都提议说："郭默假若不奉皇帝诏令，怎么敢如此放肆、擅杀大臣。要兴师讨伐，也应该等到朝廷下诏同意，才能进军。"陶侃严正指出："皇帝年纪还轻，和刘刺史没什么怨仇，这件事肯定不是他的主意，诏令肯定是假的。况且，刘胤向来对朝廷忠心耿耿，为朝廷所信任，出任江州刺史，政绩也很好，即使有点小错，也不至于处极刑！"他果断地下令出兵，征讨郭默。

陶侃一面迅速派将军宋夏、陈修率兵据住浔口，自率大军继后；祖逖收复中原地区时，地方武装大多投降了晋。郭默降晋后，被封为属后将军。后来，他看到东晋王室内讧，从而又野性复发，飞扬跋扈。当他得知陶侃的讨逆大军已经逼近溢口，急急忙忙派使者送给陶侃许多美女和丝罗绸缎，又写了一封信给陶侃，谎说他是奉命行事，叫陶侃不要插手，否则，一切后果由陶侃自行承担。陶侃撕了信，抛弃了礼品，驱逐了使者，迅速督军自溢口沿江向武昌挺进，一日千里地直抵敌巢！且说王导接到陶侃的来信一看，其中有句话说："郭默今天杀了州官，便让他做州官，日后杀了宰相，难道就叫他做宰相不成？"王导看了悚然一惊，决定支持陶侃。王导回信支持陶侃出兵讨伐。

不久，陶侃就收到了皇帝的诏令，信心倍增。讨逆大军所到之处，势如破竹，武昌的形势岌岌可危。陶侃顾忌郭默也是中原名将，智勇双全，如果与他最后决战，自己的力量肯定受到重大损失，最好能选择一个既能破敌又能保存实力的办法。陶侃考虑到郭默的部将宗侯同郭默有杀父之仇，而自己同他是莫逆之交，何不利用宗侯这个内线，激起他的仇恨和怒火，让他寻机杀掉逆贼，或者做个内应，里外夹击郭默呢？从而他便写了一封义正词严、文情并茂的信，派使者送给宗侯，接着调兵遣将，积极准备进攻武昌。

宗侯接到陶侃的信，读道："……逆贼郭默本来胡将，不守王法，滥杀无辜，致使国家遭祸，人民受难。令尊大人以前被他所杀，刘绣将军也跟着遇害，我怕从此以后，朝廷没有安定的日子。如今，我奉命讨逆，为含冤死去的忠臣义士，伸张正义；为天下的穷苦百姓，撑腰说话。假如将军能以国家和人民的利益为重，助我一臂之力，或送首级，或做内应，为国家除害，为百姓申冤，则是国家和人民的莫大幸福……"宗侯读了书信后，心潮起伏，旧恨新仇，一齐涌上心头。经过一番思考，他决定为讨逆做内应。双方里应外合，陶侃最后打败了郭默。

在变乱之中，有些人临乱不慌，从而化险为夷，可以看这样一个例子：北宋宣和年间，国都汴京一派繁华。每逢正月十五元宵佳节，总是笙歌大作，鹤舞龙翔，夜间则全城张灯结彩，五光十色，成了灯和火的海洋。男女老少倾城而出，富贵人家更是香车宝马，来到市中心。妇女们身披五彩，头戴翠冠，欢天喜地，去看灯会。宋徽宗赵佶是一位多才多艺的风流皇帝。有一年元宵，他在文武百官簇拥下来到市中心端门。"万寿无疆"的欢呼声如雷贯耳，灯会达到高潮。皇帝一时兴致上来，宣旨要给观灯的人们赐酒。人们潮涌一般地涌了过来，挤在最前面的人幸运喝到了御酒。

有个女子因为喝到了皇上赐的御酒，欣喜若狂，心想这是千载难逢的机遇，应当留下点什么才好，既有御赐金杯在手，为什么还要放过它呢？这金杯将来不仅价值连城，还能作为留传万代的珍贵之物……想着想着，手一闪就将这金杯揣入怀中。既揣了金杯，就不可在这里久留，她心里十分紧张，表面故作镇静，左顾右盼，想伺机挤出重围，但人山人海，一时挤不出来。正在这关键时刻，一个精明的侍卫突然发现少了个金杯，见这位女子正往外挤，便拨开众人，一把抓了她的衣袖。又一个高大的卫士上来，两人一起呵斥着，把这女子挟持到宋徽宗面前。

可怜这位天真的女子，此时跪倒在地，心思茫然，不知怎样是好。

既已落网，别无他法，能否再生一计？她在心中暗暗紧张盘算。幸好这女子聪明伶俐，且平时跟着父兄学得作诗填词，颇有文采。转眼时间，眉头一皱，计上心来，马上编了一则故事，抬起头来，面对皇上，从容不迫地诵了一首小令《鹧鸪天》词：

> 月满蓬壶灿烂灯，与郎携手至端门。
>
> 贪看鹤降笙歌举，不觉鸳鸯失却群。
>
> 天渐晓，感皇恩，传宣赐酒饮杯巡。
>
> 归家恐被翁姑责，窃取金杯作照凭。

意思是说，她与丈夫在端门处走散，受皇上的恩典饮酒，但是又怕回家后被夫家的人责备，于是就偷偷地带一个金杯回去，以它为证明。这真可谓情急生智，故事编得十分切时、切地、切人，表达得又十分有文采和韵味，一下子就征服了高高在上的皇帝。

徽宗原本就喜文墨，这一来听了此女的诗，心中更是高兴，便信以为真，拈须大笑，表示十分理解此女的处境。并称赞她才思敏捷，写得一手好辞章不说，临变不惧，巧言相辩，当即宣旨：赐给这位才女一个御金杯，并派卫士送她回家。

这样看来，做人办事时要记住：越遇危险，越要忍耐！

以不变应万变

　　与"不可行则变"的成局之术相反，"以不变应万变"强调的是以静待动、以静制动，等到时机成熟之后再出手。这也是一种非常行之有效的成局之术。

　　金朝末年，蒙古军时犯金境，不断取得胜利。金军阵地连连失守，战线节节败退。金宣宗只得向蒙古求和，但是蒙古兵的进攻并没有停止，与此同时，金宣宗遣军进攻宋朝，结果也以失败而告终。金朝两面受夹，形势不利。

　　可是，偏在此时宣宗病重，卧床不起，朝内大事，乱作一团。人心不安，政局不稳，特别是他的长子完颜守纯，一直内心怀怨。按理，他是长子，应该立为皇太子，他应该继承皇位。可是实际上，宣宗却于1216年立第三子完颜守绪为皇太子。当时，完颜守绪18岁。为这件事，长子完颜守纯和三子完颜守绪之间不和，守纯的母亲贵妃庞氏和金朝资明夫人郑氏之间也不和。现在，宣宗病重，对守纯和庞夫人来说，正是兴兵举事、以乱取胜、夺取政权的好机会。他们憎恨皇上将皇位传给守绪，巴不得皇上快死。

　　宣宗病重期间，宫中人都很焦急，大家经常来探望。郑夫人年岁已高，但稳健沉着，整日侍护在宣宗室内，深得宣宗信赖。一日暮夜，来探望的大臣们都离去了，只有郑夫人留在室内，看护着宣宗。不一会儿，宣宗自知不妙，便对郑夫人说："速召太子，举后事！"郑夫人连连点头。

宣宗说完便不省人事，很快就离开了人世。郑夫人很镇静，只流了几滴眼泪，并没有放声大哭，也没有大声呼唤他人。她有自己的考虑：宣宗既死不能复生，哭也没有用；守纯守绪都是宣宗的儿子，过早地让他们知道宣宗逝世的信息，他们肯定为争夺皇位而发生政变，况且，守纯守绪之心，已有所知。宫中内乱将必不可免。国家正处在危急时刻，宫中再起内乱，那江山必败无疑。所以，当务之急是要稳住宫中，稳定人心。其主要办法便是确保守绪的皇位，杜绝守纯的叛乱。

于是，郑夫人便装得若无其事，将宣宗去世的消息封锁起来。夜里，皇后及贵妃庞氏一起来寝阁问安。郑夫人冷静沉着，便灵机一动对庞氏说："皇上正在更衣，不便进去。后妃不如先在外室小憩等候。"庞氏信以为真，便走进了外间。郑氏夫人立即将外间门锁上。庞氏恍然大悟，知道上当，但悔之晚矣。郑夫人立即召集大臣，宣布皇上驾崩的消息，宣告皇帝遗诏，立皇太子守绪。大臣知道皇上去世，心情沉重，但知道诏立守绪皇太子，心情又觉舒坦，便纷纷告退。这时，郑夫人才用钥匙打开外间门，放出庞氏。庞氏气愤之至，但大局已定，她已无能为力了。

太子闻讯刚入宫时，守纯却已先到。守绪怕有他变，便先发制人，先下手把守纯看管起来，不让他随便行动。守纯本想等守绪进宫后行刺举事，没想到守绪却先行一步，使其计划全部破产。庞氏和守纯被抓禁，其他的人再也不敢乱动了。一场将要爆发的内乱，在郑夫人的机智应变之下，巧妙地平息了。完颜守绪正式成为了金朝的最后一个皇帝，是年1223年。他在位十一年，指挥作战，打了不少胜仗，但1232年大败于蒙古军，1234年自缢而死，金朝就此灭亡了。谥号金哀宗。

所谓以不变应万变，即遇非常之事要善于冷静处理，权衡利弊不能感情用事，招致被动。此处亦以妇人之例说明。唐朝末年，黄巢起义声势浩大，不久便入据长安，唐朝政权岌岌可危。沙陀部队首领李克用因一目失明，时人称为"独眼龙"。他与其父朱邪赤心（因他镇压起义有功，被赐姓李，名国昌）一起，参与镇压黄巢起义。884年，他引军渡河，大败黄巢军于中牟（今河南中牟），使起义军从此一蹶不振。后来便长期割据河东，与占据汴州（今河南开封市）的朱全忠对峙，连年战争。死后，其子李存勖建后唐，尊他为太祖。李克用的夫人刘氏，是一位有智有谋的巾帼英雄，不是等闲之辈。可以说，李克用的成功，得力于他夫人刘氏的帮助。

李克用奉命带兵讨伐叛逆者，以救东路诸侯。正当李克用整装待发之时，朱全忠与杨彦洪共同谋变，倒戈攻击李克用。李克用措手不及，便仓皇逃去，心里好不自在，气得发狂。朱全忠（后梁的创立者）很狡诈，眼看李克用逃去，谋杀不成，便灵机一动，将杨彦洪射杀，掩人耳目，隐藏自己叛变的真面目。但李克用并没有改变看法，他边逃跑边咒骂朱全忠，发誓要亲手杀了朱全忠。

李克用部下有人逃回，禀报李克用妻子刘氏夫人。刘夫人听了心里很是震惊，但她表面上却很镇静，神色不动，若无其事，并下令将那报告朱全忠叛变的人立即斩杀。她想，让更多的人知道此事，府内肯定乱作一团，说不定还会有人响应举兵叛变，那样，情况更糟，局面就没法收拾了。所以，自己不能惊慌，不能失去信心和自制，同时要封锁消息，要保持府中原有的安静。报信的人是信息源，当然应该将他们斩杀。不久，李克用怒发冲冠地回来了，刘夫人仍保持镇静。李克用发誓要集中兵力，讨伐朱全忠，以解心恨。

可是，刘夫人却不同意，她说："你此次带兵伐叛是为国讨贼，以救东路诸侯之急，并不是为了你个人的怨仇。现在，汴州人朱全忠叛变要谋害你，你当然很气愤，我也十分生气。我也觉得他该伐该杀。可是，如果你真的带兵去攻伐他，你的任务就完成不了，而且也改变了事情的性质，变国家大事为个人怨仇小事。我认为，朱全忠叛变的事，你应该上报朝廷。由朝廷兴兵讨伐他，岂不是更好？"

李克用听了夫人这番话，茅塞顿开，怒火顿消，便听从了夫人的意见，不再结兵攻朱全忠了。但他还是给朱全忠写了封信，责备他谋变不道。可朱全忠却回信说："前夕之变，我并不知道，朝廷曾派使者来与杨彦洪共同谋事，必是他图谋不轨，发动兵变。现在，杨彦洪已经伏法，死有余辜，请你谅察。"把自己的责任推卸得一干二净。

刘氏夫人对这件事的处理是很有分寸的，有理有节，以大局为重，果断应变，沉着不慌。倘若李克用不听刘氏夫人的话，或者刘氏夫人不贤惠，怂恿李克用发兵讨朱全忠，其结果如何，谁胜谁负、谁是谁非也就很难说了。

可见，以不变应万变的做局术，同样能够化被动为主动，把难以办成的事办成。表面看，这种做局术十分寻常，实则暗含功夫。

无风也能起大浪

聪明人之所以能做到谋划成功，常常是因为有"无风也起浪"的本领，也就是说要适当地"无中生有"，适当地"编造谣言"。但"造谣"得看环境，要造得合乎情理，适应对方的需求，符合对方的心理。这种谣言只要"过得海"无须经长期考验，所谓"信不信当面考验，灵不灵过后方知"，到了过后揭底之时，自己也就是"过海神仙"了。

战国时的张仪，思维敏捷，凭着三寸不烂之舌，深得君王的信任。一次，他带了几个老乡跑到楚国去求富贵，因一时找不着当官途径，在楚国潦倒，同去的人吃不了苦，整天嚷着要回家去。

张仪被几个老乡一逼，顿生一计，说："这样吧，再等几天，只要见到楚王之后，我保管大家吃穿不尽，享受荣华富贵。"那时候，楚怀王正宠爱着两个美人：一个是南后，一个是郑袖。张仪那天见到了楚怀王，就说："我到这里已经很久了，大王还不给我一官半职。如果大王真的不想用我的话，请准我离开这里，去晋国跑一趟，可能会碰上好运！"

"好吧，你只管去吧！"楚怀王巴不得他快离开，便一口答应。张仪说："我还要回来一次，请问大王，需要从晋国带些什么？譬如那边的土特产，您若喜欢我可以顺便捎些回来，献给大王。"楚怀王漫不经心地说："金银珠宝楚国有的是，晋国的东西没什么可稀罕的。""大王就不喜欢那边的美女吗？"这话像电流一样，使楚怀王情绪一下子高涨

起来，眼睛一亮，问："你说什么？""我说的是晋国的美女。"张仪一本
正经地解释，"晋国的女人，哪一个不像仙女一样。白白的肌肤，粉红
的脸蛋，杨柳细腰，婀娜多姿，真是美极了。"这一番话把楚怀王的色
欲完全勾起来了，高兴地说："你马上给我去办，要多带些这样名贵的
'土特产'回来！""不过，大王……""那还用说，货款是需要的。"楚
怀王立即命人给了张仪很多银子，叫他从速去办。张仪出宫后马上把这
消息传开，直传到南后和郑袖的耳里。两人听了，大为恐慌，连忙派人
去向张仪疏通，告诉他说："我们听说先生奉大王之命，到晋国去办土
特产，特送上盘缠，望先生笑纳！"这样，张仪又捞了一把。

　　过了几天，张仪向楚怀王辞行了，装出依依不舍的样子，说："这
次去晋国，路途遥远，不知哪一天可以返回，请大王赐酒给我壮胆
吧。""行！"楚怀王亲自赐酒给张仪。张仪饮了几杯，脸红起来，又下
跪拜请楚怀王，说："这里没有外人，敢请大王特别开恩，请王后和贵
妃再赐我几杯，给我更大的鼓励和勇气。"楚怀王看在张仪要采办"土
特产"的分上，把最宠爱的南后和郑袖请了出来，让她们轮流给张仪
敬酒。这时，张仪扑通一声跪在楚怀王面前，说："请大王把我杀了吧，
我欺骗大王了。"楚怀王见状连忙问："为什么？"张仪说："我走遍天下，
从未遇见有哪个女人长得比大王这两位贵妃漂亮的。过去我对大王说过
要找土特产，那是没有见过贵妃之故，如今见了，方知把大王欺骗了，
真是罪该万死！"

　　楚怀王松了口气，对张仪说："这没什么，你也不必起程了。我明白，
天地间根本就没有谁比得上我的爱妃。"南后和郑袖听到楚怀王这样称

赞她们，不由得露出了得意的笑容，同时向张仪投去了赞许的眼光。

从此，楚怀王改变了对张仪的态度，张仪及其同乡在楚国的待遇也逐渐好转起来。

"无风也能起大浪"这种成局之法，是心中有十分把握、充满自信的人所为。它常使简单局势复杂化，给人们造成一种迷雾感，然后给聪明人造成可乘之机。

双管齐下，才能各个击破

一个人要想有所收获，单凭从一个方面下一两下功夫，是不足以成大事的，必须从正反、上下、事前事后等相对应的两方面双管齐下，才能将遇到的困难各个击破。张之洞则是双管齐下的高手。

张之洞任湖广总督以及暂时代理两江总督期间，是长江沿岸教案接二连三地频繁发生的时期，张之洞仍然运用双管齐下的策略，使事件最终都得以比较合理的解决。

先是1891年6月武穴教案。武穴位于鄂赣交界的长江口岸，属湖北黄州府广济县管辖，设有武黄同知署，1876年被辟为启航港，清政府在此设立海关，雇用外国签手（即海关检查人员）常驻。此后，外国传教士纷纷来此传教。6月5日晚，广济县天主教徒欧阳理然肩挑4名幼童从武穴街上走过，被屠铺帮工郭六寿看见，便上前盘问。据欧阳理然称："幼童是从广济县附近收来，将送往九江法国天主教堂。"当时，芜湖教案发生后，长江各地风传教堂"迷拐幼孩，残害幼儿"，或挖眼制药；或虐杀幼童稚女，取其红丸，以炼丹药等言。郭六寿联想至此，于是和众人一起将欧阳理然扭送官府。正在此时，欧阳理然所带的 4 名幼童中，有一名因病饿死去，众人于是谣传死孩将被送入武穴卫斯理循道会福音堂。一时众怒汹汹，千余群众聚于该福音堂前，向堂内投掷石块。时堂内包、白两教士分赴外地有事，仅留眷属、小孩等守堂。纷飞的石块打中堂内燃烧的煤油灯，引起大火，女眷们携小孩外逃。前来救火的武穴洋关签手柯林及一位外地来此传教的英国金教士被愤怒的群众打死。事发后，法舰、美舰各一艘从九江驶往武穴。

外逃的洋眷在武黄同知顾允昌等保护下于次日被送上路过的洋行"德兴"轮，"德兴"轮抵汉口后，洋眷即前往英国驻汉口领事处诉称事件始末。英国领事嘉托玛立即照会湖广总督张之洞，要求"严惩凶手"，旋即英国政府也声言，如不满足英方要求，就联合法、德一起，自行处理这件事。张之洞在接到武穴地方官府的禀报及英国领事照会后，很快抽调水陆精锐部队，部署在各个地方，既防止外来入侵，又震慑不明真相的闹事者。另一方面他又命令江汉关道派轮船驶往武穴，将金教士、柯林的尸体运回汉口妥善安置。

另外，又派候补知府裕庚前往明察，命令文武水陆各营严防滋事，照会驻武汉各领事，让他们通知"各教堂暂勿收养婴孩"。武穴教案发生后，广济知县彭某即派兵拘捕疑犯 23 人。裕庚驰赴广济后，即会同黄州知府李方豫及广济知县审办，判处为首者郭六寿等二人"正法"，从犯六人"分别监禁枷示"。尽管张之洞接收英领事嘉托玛的照会后，立即明确表示"力任保护、缉凶"，并在实际中也这么做了，但英方并不满足，他们肆意讹诈。对此，张之洞做了坚决的抵制。英领事称武穴教案为"谋杀、故杀，放火抢劫"，并要求将那些旁观哄闹者一一拿办。张之洞驳斥说："哄闹混殴非谋杀，多人共殴一人非故杀，失火延烧非放火故烧，攫取零物非抢劫。"他拒绝拿办围观者。嘉托玛又派费、梅两个教士前往广济做观审委员。费、梅二人提出许多无理要求，强调该案的发生都是因为平日蓄谋而成，并不是一件偶然事件，要求将首从各犯全都严办，张之洞一一据理驳复。费、梅二人又以教堂曾向武黄同知求援三次未允、马口司巡检不肯收留洋眷为由，要求按谋杀罪分别予以撤职查办。张之洞驳称：武黄同知本非地方正印官，手下并无兵勇捕役，所以根本无法制止当时的事态，而且根本没有差役不肯救护洋人之事，而该同知收留洋妇洋孩在署中住宿一夜，这是人所共知的，这就是保护之实。

由于英国政府的挟制，总理衙门致电张之洞，要他"设法速结，免生枝节"。最后，双方议结如下：（1）郭六寿等二人正法，胡东儿充军，胡视生等三人各杖200，流放到3000里之外的地方，田福儿等四人分别处以流、徒、杖刑；（2）马口司巡检陈培周以"保护不力"被撤职；（3）赔付柯、金二人恤银各1万两，教堂"由官修复"，赔偿损失2.5万两，合银4.5万余两。

武穴教案议结不过两月，鄂西重镇宜昌又爆发教案。芜湖、丹阳、武穴等地教案发生后，宜昌风声紧张，反洋教揭帖到处张贴。张之洞命令宜昌地方军政官员"务须严切提防，万勿大意"。

9月1日，饭铺老板游某丢失幼子，鸣锣寻觅，找了一整天都没找到。后来一位法国天主教圣母堂雇工告诉他，他的孩子现在在该堂，游某于是在9月2日这天带人前往圣母堂，果然在那里找到了他的孩子。正在交涉时，堂外已有成群的人聚集，纷纷斥责教堂拐卖幼童，"有喊打者，有喊烧者，势如潮涌，声如山崩"，堂内修女急忙派人报官。此时，有十多个围观者"执短木棍，盘辫扎腰，在前吆喝"，带领众人冲入圣母堂，寻找其余被拐幼童。忽然，紧邻的美国圣公会教堂中一苏姓教士向人群开枪，击伤一人，愤怒的人群立刻闯入圣公会教堂，苏姓教士等人仓皇逃走，众人放火将圣公会教堂焚毁，又在圣母堂点火，堂中七名修女及巴姓教士（分属法、德、美三国）被人打伤。附近河街教堂也被焚烧，宜昌的英教士、英侨住宅及正在兴建的英国领事馆等七八处建筑有的被焚烧，有的被哄抢。

事发后，宜昌镇总兵罗搢绅、知府逢润古等当即率兵前往弹压，护送洋人登上停在江边的轮船，并将受伤修女、教士妥善护理。又派兵保护各洋行、税务司、领事馆及传教士、外侨住宅。

宜昌教案涉及面很广，教堂之外，还有外侨住宅及领事馆，国家则有英、法、美等国。张之洞得知后十分焦急，连忙电函逢润古等"务将启衅放火之人缉拿讯取，此节最关紧要"。逢润古等人力加伪饰，复电称：此案系民人找寻幼童、洋人开枪伤人而发，圣公会、圣母堂及洋人住宅系洋人理亏心虚、纵火自焚的。张之洞复电要求核查，一再嘱咐

"千万不可饰以却"，并派候补知府裕庚乘船奔赴宜昌查办。当张之洞得知圣母堂内幼童并没有被人挖目割肾之事发生后，电责逢润古等人所报不实，又派荆州道方恭钊赴宜昌确查。他说此案关系到法、英、美等国，不能拿它当寻常地方小事来对待，不可谎报搪塞……如果想虚词推诿，企图大事化小，不但没有好处，还必定会耽误大事。

9月10日，德国公使巴兰德联合英、法、美、意、比、俄、日、西等9国公使照会总理衙门，敦促清政府迅速处理此案，英法两国并派军舰从汉口上驶。英国领事乘机再次提出湖南全省通商之事，试图要挟，被张之洞拒绝。但张之洞担心各国以此为借口，联合起兵，于是多次致电方恭钊、裕庚等人查拿凶犯，并说，如果查不到首犯，就必须像江南各案那样，严厉追查地方文武官员的责任。在张之洞的严责下，宜昌地方官员在宜昌、沙市、汉口等地捕获12人，分别处以"徒、流、充军"等惩罚。10日，开始交涉赔款问题，最后，议定赔偿法国教堂银10万两，英、美分别为6万多两。

晚清办理外交者，皆以处理教案最为棘手。张之洞的做法无疑就高明了许多。他上能得到朝廷的称赞，下能得到百姓的理解；外能使列强无话可说，甚至有苦难言，内能赢得舆论的支持，被称为有民族气节。他在处理广州、长江沿岸等地教案过程中，事先采取各种预防措施，事后面对外国领事、主教的讹诈，据理反驳，义正词严，终于使其奸计狡谋未能得逞。争是一种志气，张之洞不可无争之气，否则难为强者。

先求"稳"字，再求"攻"字

要想发展就应该先有稳定的局面，大到一个国家的发展，小到一个人个人事业的成功，都是如此。那么，一个人怎样获得"稳"字诀，这是很深的一门学问。

三国时期，益州初定，诸葛亮急于稳定中央的人事和法制，刘备则常到州中各郡巡视，以彻底对益州作有效的控制。但最让刘备和诸葛亮担心的是东方的孙权和北方的曹操，对刘备一下子拥有荆、益两州，颇为眼红，经常出现"挑战"性的动作，让尚未稳定下来的刘备及诸葛亮不禁胆战心惊，小心谨慎地应付着。

建安十五年，也就是刘备平定益州的第二年，曹操对汉中的张鲁发动军事行动，刘备立刻派出大量的情报人员严密地注意北方军事情势，并将张飞及马超两位经验丰富的大将，调往益州北区，加强防备工作。

不久，孙权的特使诸葛瑾，至益州晋见刘备，要求归还荆州。刘备对孙权在他陷入益州军事僵局时，召回其妹孙夫人，而且差点带走阿斗，愤恨不已。但由于使者是诸葛亮的哥哥诸葛瑾，一向属于较同情刘备的东吴人士，只好敷衍一下表示："等我们攻下凉州以后，自然会把荆州还给你们。"诸葛瑾虽然深知这是推托之辞，但也不好再强迫之，只好将刘备的意思回报孙权。想不到，孙权听了大怒，立刻下令大将吕蒙率军袭击荆南的长沙、零陵、桂阳三郡。

　　刘备获知军情，立刻将益州交给诸葛亮及法正，亲自率五万主力部队返回荆州，进驻公安指挥大局，并命令关羽率荆州军团由江陵南下，直入长沙郡军事重镇益阳，表示强硬态度。孙权的态度也不退缩，他下令鲁肃由夏口亲自南下益阳，准备和关羽硬碰硬，自己则进驻陆口，掌握军情变化，眼见双方联盟即将破裂，大战有一触即发的态势。就在这紧急关口，传来北方陷于胶着状态的汉中战局，曹操已取得决定性胜利的消息。刘备大惊，害怕曹操趁势南下，益州可能有变，乃主动派使者和孙权谈判，双方议定平分荆州，以湘水为界，湘水以东江夏、长沙、桂阳三郡属于孙权；湘水以西，南郡、零陵、武陵归属刘备，使这场征战暂时缓和了下来，孙刘联盟也得以再苟延残喘一阵子。其实，以当时的情势而言，不仅刘备受到威胁，如果汉中由曹操完全控制，紧接着东方的合肥战线，也势必告急，孙权同样受到严重压力。所以孙刘联盟战线，对他们两个同样是相当重要的。

　　刘备的主力军不敢回荆州，而直接到达益州北方的江州巡视。这时张鲁已逃亡巴中，原益州参谋黄权向刘备表示，汉中已失，巴东、巴西、巴中三郡便难以有效防守，三巴陷落，有如去掉益州的胳臂，情况将更转严重，因此不如和张鲁联合，紧守巴中，以对抗曹操势力之南下。刘备立刻令黄权为护军，率军队北上迎接张鲁。想不到黄权刚到巴中（今嘉陵江上游），张鲁已回到南郑，并正式向曹操投降了。黄权立刻向三巴发动攻势，逼走曹操所任命的巴东太守朴胡、巴西太守杜沪及巴郡太守任约，将巴中完全置于刘备阵营的控制下。

　　这时候曹操也派大将张，出兵经营三巴，并进驻岩渠。刘备令巴西太守张飞率军迎战，双方对峙五十余日，张飞用计击溃了张，张兵还南郑。表面上三巴暂时稳定下来，其实更大的一场战争，正在紧急地酝酿中，刚获得休息的刘备和他的军团，又不可避免卷入一场和北方曹操展开的汉中争霸战。

过招之后还藏一手

事业上的竞争，往往会把自己的全部本事暴露无遗，结果是让对手把自己看透了，而这样透明状态恰恰是竞争中最不应有的。所以，过招之后必须还藏着一手，能做到这一点就非同一般了。藏露结合、进退结合，都是明白人的拿手好戏。过招之道何在？

清朝时的刘墉，每日粗茶淡饭，即使做了高官也是如此。惟平生爱吃零食，尤其喜欢家乡的大枣、核桃。家书中几乎不离此。但刘墉又十分耿介，不讨好上官。他在江宁知府智斗总督之事就十分典型，他有自己的一套过招术。

一天清晨，刘墉对内厮说："你今日不必预备饭。今日是总督高大人的生日，咱爷们那儿吃去吧。不然，岂不白给他送礼了？""是。"张禄答应一声，刘大人复又吩咐："总督今天生日，你快去备礼物八样，装在食盒里，你知道我家苦，这份礼，里面装上两吊铜钱，牛肉三斤要硬肋，六斤白面两盘盛。干粉二斤红纸裹，伏地大米要三斤。小豆腐两碗新鲜物，木耳金针又两宗。另外买白面寿桃二十个。"内厮出衙来到大街上，一应东西全都有，就是小豆腐没有。张禄只好买了一升大黄豆，还有两把干萝卜缨。急忙回到书房内，费了半天的工夫，才把小豆腐做成。刘大人派了衙役把寿礼先抬去。刘墉随即说："咱们爷儿们也该走了。"刘大人不一会儿来至总督衙门堂口站住，早有家丁接过马去，内厮手拿礼单，向辕门里面而去。到了官厅上，见了总督的巡捕官，说明来历，然后把礼单递过去。巡捕官接过礼单向里面而去，并将刘大人来上寿之物说了一遍，然后把礼单递过去。高大人用手接过，留神观看。

上写着："卑职刘墉江宁府，今日特与大人庆生辰。礼物不堪休见怪，不过略表卑职这点心：牛肉三斤是硬肋，细条切面是六斤，三升大米二斤干粉，还有木耳与金针，小豆腐两碗新鲜物，二十个寿桃白似银。一共算来八样礼，卑职诚意孝敬大人。我刘墉，今日虽然做知府，算是皇家四品臣，不过是驴粪球儿外面好，内里的饥荒向谁云？今日与大人买寿礼，无奈何当了一件皮马墩。"高大人越看越生气，将礼单摔在地上道："好一个可恶的刘知府，罗锅子行事气死人！什么庆生辰？分明是到我的衙门中闹气！知府送这样礼，高某倒贴盘费银。耳闻他难缠露着拐，话不虚传果是真。咱们倒要斗一斗，叫你认识认识我姓高的人！"总督带怒吩咐巡捕官："快去到辕门，告诉江宁刘知府，快把他的礼物抬回去。"刘大人闻听巡捕官说："高大人说了，礼物全都不要了，生日也不做了，叫府台费心，另日再道谢罢。"刘墉说："罢了，既是大人不赏脸，也就罢了。禄儿抬盒子，把礼物抬回去，赏他四个人分了吧。"内厮来至辕门外，眼望抬盒子的四个人，照刘大人的话说了一遍。这四个人闻听，抬起礼物欢天喜地而去。

刘大人不由心中好恼，内厮也抱怨："这是怎么说！苦算盘饭也没吃，来到这里指望吃顿面。好，瞧这光景，还要吃面呢，连刷锅水也未必摸得着！"刘大人知道高总督只收金银，岂能要他借机勒索？正好，此时来了好几名官员。刘大人一见迎上去，带笑说："莫非都是来上寿？众位不知内里情：方才我刘某也来上寿，两架食盒不算轻。高大人里边传出话：一概不收早回程。"众官员闻听刘大人的这一片言词，便一传十，十传百地说："高大人传出话来了，今年不做生日，礼物全都不要。"江宁府的布按两司，还有外省的府道州县，还有都标管的副将游守、千把外委……这一省的文武官员，闻听江宁知府刘大人的话，一个个都打道回府了。江宁布按两司说："既是高大人的吩咐，我等焉敢不从？"说罢，吩咐手下人："把上寿的礼物，全拿回去吧。""是。"手下人一齐答应，然后抬起而去，各归衙门。

刘墉见众官员把礼物全都抬回去了，还恐怕传得不到，吩咐内厮拿来一个马扎，刘墉坐在高大人的辕门口，将后来的人一一拦回。高大人在书房等候收众官员上寿来的礼物，越等越不见一份前来，高大人心中纳闷，忽见家生子来福走进来说："大人不用等着收礼了，今日有了挡横的人，把咱们爷们的辕门都把住。他见众官员上寿来了，他就迎上去，硬派着说：'大人吩咐，叫他告诉众位老爷们，说今年不做生日。'众位老爷们闻听这个信，乐得叫手下人把礼物全抬回去了。他还不死心呢，拿了一个马扎，在辕门上坐着吸烟。"高大人闻听来福这个话，说："这是罗锅子干的不是？"来福说："不是他还有谁呢！"高大人说："很好，很好。你快去把他叫进来，叫他认认我是谁。""是。"来福答应，返身向外面去。去不多时，把刘墉带至书房。刘墉见了高总督，难越大礼，只得行庭参见之礼，在东边站立，说："大人传唤卑职前来，不知有何教谕？"高大人闻听，冷笑道："知府你做的好事，心中岂不明？闻说你难缠真不错，从今后，要你小心办事。但有一点不周，管叫你马到临崖悔不能……"总督言犹未尽，刘大人说："卑职不做亏心事，哪怕暴雨与狂风？食君俸禄当报效，我刘墉，断不肯江宁落骂名。大人想，一辈做官坑百姓，他的九辈儿孙现眼睛。我本是甘心洁净把民情理，望大人'忠奸'二字要分明。"高大人听罢，心中说："罗锅真可恶，话语如刀。有心要归罪又不合理，私事难以奏明圣上。要不拿错将他制住，还如何统领三江！"刘墉将总督的财路破了，高宾总想找机会报复。不多久，高宾报复的机会就来了。

民人赵洪一天早晨打水时，从城隍庙井中捞出一女人头，便随同地保刘宾把情况报告了知县孙怀玉，孙怀玉又将此事报告了总督高宾。高宾则因前时生日事件有意作难刘墉，故勒限给刘墉五日破案。这在当时的破案条件下，无疑比登天还难。

刘墉接令后明知是高宾有意为难，但这事属于自己职责范围！只有认真对待此案了。在亲验女头及寻找女尸的过程中，正好又从同一井中打捞出一具年轻男子的尸体，人头已被砸去半个，独不见女头的尸体。刘墉见状心中大为叫苦：一案未了，又有一案，且都无原告被告，让我如何在五日内破了此案？叫苦之余，刘墉只好装扮成卖药的郎中去私访。在一家酒馆中，刘墉从两个喝酒人的谈话中了解到，城中有个尼姑庵叫莲花庵，庵中住着主持妙修武姑娘及表妹净师父，均为年轻美貌女子。并听其中一人说，那井中捞出的女人头好像是净师父的头。半信半疑中，刘墉决定到莲花庵去探探情况。

在去莲花庵的途中，刘墉遇到一女人要求给她男人驱邪。在她家中，刘墉看到此家男人虽有病态，却是一副地痞无赖相，便有意恐吓试探，说确有冤死鬼附体，需要画符驱鬼。在使用她家的刀裁纸时，刘墉又看到刀柄上刻有"长保记"三字，便联想到井中捞出的男尸臂上刺字："一年长吉庆，四季保平安。"除去前后各二字，岂不是"长保"二字么？莫非此人就是杀害男尸的杀手？便又诈称病人三日内必须到城隍庙中去上香，才能免去灾祸，并问得此家男人叫李四，妻子刁氏。

在探庵过程中，刘墉又在莲花庵东边荒路上意外拾到一个蓝布包裹，打开一看，却是个盐腌的男婴，通身如胭脂一般红。刘墉想，这准是私情所生，其中必有隐情，不然的话，谁会把自己的亲骨肉腌成这般呢？回到衙门，刘墉一面派承差王明去查办男婴一事，一面派承差杜茂、贾瑞去城隍庙守候，捕捉叫李四的上香人。

李四捉到后，经刘墉诈审，果系杀害男尸的凶手并因此受惊生病。据李四供称，死者为他的盟兄弟长保，在镇江做买卖生计，最近发财回来探亲遇到李四，免不了要到李四家喝顿酒。在李四家喝酒时，李四见财生歹念，将长保杀害，剥下衣服后抛入官井中，刻有长保名字的刀子便留在了李四家，不料想成了破案的线索。与此同时，奉派查办死婴一事的王明，在一家酒馆喝酒时，无意间听到二人谈话中提到被腌男婴一事。其中一人夜间到莲花庵后解手时，看到皮匠王二楼在庵东边扔下一个包裹，他拾起看到包个死孩子，就又扔在了那里。

王明立即将皮匠王二楼捉来审问。王二楼承认包裹是自己扔的，但它不是自己的，而是北街鞋铺老板李三的。因为他向李三去借钱不给，很生气，便顺手把李三柜台下面的一个包裹偷了出来，以为里面有值钱的东西。在莲花庵东边打开看时，见是个死孩子，就扔在了那里，至于其中的内情，一概不知。

捉来李三审问得知，李三住的是一年轻寡妇的房子，却不想给房钱，便以腌小孩子讹她，说是房东私养的，寡妇怕人耻笑，便只好隐忍过去。至于这个孩子的来历，李三说是他的朋友、三官庙纸马铺老板张立所送。其中的详情他也不知道。随后传审张立得知，男婴是他和莲花庵妙修主持私通所生死胎，原本让他抛掉的，恰遇朋友李三想讹他的房东，便把死胎送给了李三。

传审妙修，妙修只承认自己和张立有奸情，并生有一死胎，却拒不承认与女头案有关。刘墉便让人将已发现的女人头包在原来包死胎的包裹里让妙修认领。从妙修识认包裹的一刹那神情突变中，刘墉断定妙修、张立与女头案有关，因为她一度现出极度恐怖的神情。然而严审妙修，仍拒不承认她与女头案有关。怎么办？刘墉想了一个妙计。

他先令差役在傍晚时押妙修于城隍庙外等候，自己则和其他差役趁夜色潜入庙中装扮城隍诸神，等到夜半时分一切布置停当后，押解差人依计将妙修押入城隍殿中。妙修刚进入大殿中，眼见阴森森的，已有几分惧怕。忽听城隍神说道："莲花庵女僧听着，有屈死的女鬼将你告下，说你庵内人因奸不允将她杀害，正欲差鬼捉拿，不料自投罗网，吾神面前，从实招来，否则油锅伺候！"

妙修在惊惧之下招供说：死者为其妹妹素姐，同在庵中，纸马铺老板张立见妙修貌美，便设计请妙修到家中用斋饭，用泡过酒的江米饭将其醉倒，将她奸占，遂成通奸。后来张立于庵中见素姐也很漂亮，又想奸占，不料素姐不仅不答应，而且要去告官，张立情急之下将她杀死，尸体埋在庵内后院，割下人头欲嫁祸仇人赵洪，正巧当日赵家人多无法下手，就把人头扔在了城隍庙的官井里。

案情终于大白，犯人各有处置。查考历史记载，高宾或为高晋的谐音。高晋字德昭，满洲镶黄旗人；大学士高斌的侄子。监生出身。历官知县、知州、道员、布政使、江宁织造、安徽巡抚、河道总督、内大臣、两江总督、湖广总督、两江总督兼江苏巡抚、漕运总督等职，直做到文华殿大学士兼礼部尚书，死后谥"文端"。乾隆三十四年刘墉做江宁知府时，他正好在两江总督兼江苏巡抚任上。他死后，乾隆曾评价说：高晋"品行端醇，材猷练达，考成淳朴，体用兼优。由州县登陟封疆，宜勤奉职，已历多年，自简界纶扉，仍兼管两江总督，秉公持正，董率有方。其兼管南河事务，亦能经理得宜，深资倚任"。

刘墉在江宁的一年多时间在他一生中可谓最有作为，然而地方志上却没有什么记载，这可能与他做江苏学政时得罪了当地士人有关。但当时就住在江宁的袁枚曾有评价，他曾赞刘墉说："初闻领丹阳，官吏齐缩朒。光风吹一年，欢风极老幼。先声将人夺，苦志将人救。抗上耸强肩，覆下纡缓袖。张口辄诋，上手多宽宥。奸豪既帖柔，狐鼠亦俯伏。"

应有所指。

如果说，上说还比较隐晦，袁枚后来在他的笔记中又记载说：乾隆三十四年，今协办大学士刘崇如先生出守江宁，风声甚峻，人望而畏之。相传有见逐之信，邻里都来送行。我与先生家素有母谊，听说此信，偏偏不去拜访他。出我意料的是，一年多的时间里相安无事。先生托单人刘某要我代撰《江南恩科谢表》，备申宛款。直到现在才知前说都是捕风捉影。不久升任湖南观察使（实际上是江西盐驿道）。我为他送行有一联云：月无芒角星先避，树有包容鸟亦知。因为没有存稿，所以久已忘了。今年先生出任会试总裁，闲暇之余，仍向内监试官王葑亭诵此二句。王葑亭寄信来向我问起此事，故感而志之。

这是袁枚在乾隆五十八年所记，当年仍为协办大学士的刘墉主持会试，故袁枚所记当为事实。其中"见逐之信"即或为抑制豪强之举。前面"抗上耸强肩"一句，或即指刘墉不讨好上司一事。

第 6 章
以巧攻垒：把自己变成一等棋手

学会拨动自己人生的算盘，意味着你已经开始计算自己人生的每一步了。这说明，一次胜算永远强于上百次随意出手。

掌握自我推销的良策

一个人要想成功，离不开自我推销，但是，自我推销的确是件难事。很多人在自我推销的时候，总会遇到各种各样的拒绝，从而失去了一次次参与竞争、成就自我的机会。成大事者善于推销自我，靠的是什么呢？

在求职过程中，只有充分掌握这门艺术，才能顺利地找到自己满意的工作，下面是自我推荐的 8 大要领：

（1）推荐自己要有自己的特色

推荐自己必须先引起别人注意，如果别人不在意你的存在，那就谈不上推荐自己。那么，如何引起别人的注意呢？关键是要有自己的特色。这里的所谓特色，并非文凭或哪个单位的鉴定合格书等，而是使对方认为你有自己的独到之处。

（2）推荐自己要善于面对面

人们通过面试可以推荐自己，说服对方，达成协议，交流信息，消除误会。面对面推荐自己时，应注意遵守下面规则：依据面谈的对象、内容做好准备工作；语言表达自如，要大胆说话，克服心理障碍；掌握适当的时机，包括摸清情况、观察表情、分析心理、随机应变等。

（3）推荐自己要有灵活的指向

人有百种，各有所好。对人才的需求也是这样。假如你尽管针对对方的需要和感受仍然说服不了对方，没有被对方所接受，你应该重新考虑自己的选择。倘若期望值过高，目光只盯着热门单位，就应适时将期望值降低一点，目光多盯几个单位。还可以到与自己专业技术相关或相通的行业去自荐。美国咨询家奥尼尔如是说："如果你有修理飞机引擎的技术，你可把它变成修理小汽车或大卡车的技术。"

（4）推荐自己应以对方为导向

在推荐自己的时候，注重的应该是对方的需要和感受，并根据他们的需要和感受说服对方，并被对方接受。假若你想去的单位是家报社，那么你必须了解这家报纸的特点。这家报社在全国各家报社中的地位及发展前景，更重要的是你要知道报社需要哪类人员，然后再去面试，这样成功的概率就会高些。

（5）推荐自己要灵活运用宣传手段

从事宣传时，应以简短的自传形式扼要概括自己的简历、才能、发明创造、贡献、目标、理想、爱好等，分寄给你认为有可能对你感兴趣的单位和部门。

也可以通过熟人、亲友等传递，还可以通过登广告的形式，向对方推荐自己。

（6）推荐自己要注意控制情绪

人的情绪有振奋、平静和低潮等三种表现。在推荐自己的过程中，善于控制自己的情绪，是一个人自我形象的重要表现方面。情绪无常，很容易给人留下不好的印象。为了控制自己亢奋的情绪，美国心理学家尤利斯提出三条有益的忠告"低声、慢语、挺胸"。

（7）利用履历表或申请表把自己推荐给对方

为此，要做好以下几点：一是尽可能了解对方的情况，搞清楚对方的要求及自己是不是够资格。二是搜集能够证实你的身份、履历、特长等方面的文件和材料，这些有助于对方评估你的素质。三是介绍材料应实事求是，简明扼要。四是字迹要端正、清楚，切勿龙飞凤舞。否则，对方连阅读都困难，就很难对你感兴趣。

（8）推荐自己应知难而退，另找门路

推荐自己有时不一定会成功。你去面谈求职，谈到一定时候，如果发现时机不对或对方不感兴趣，就要"三十六计，走为上策"。这时候，表现要冷静，不卑不亢地表明态度，或者自己找个台阶下，给人留下通情达理的印象。推荐不成功，可能错在自己，比如：资格不够，业务不对口，自己言语不当或过分挑剔等；也可能错不在你，而是对方要求过高，性别歧视，没有诚意。这时，你要知难而退，另找门路。

据美国拉嘉斯大学调查统计，凡是应征获得接见时所碰到的提问，比较常见的不过是 19 条左右，只要你能好好地准备一下，对你的面试必有很大的帮助。

这 19 条较笼统性的问题就是：

（1）我们谈谈你个人的一些情况。

（2）在此之前，你在什么地方做过事？

（3）你为什么喜欢做我们这种工作，以前有做这种工作的经验吗？

（4）为什么你离开以前的工作？

（5）你打算把这种职业做终身职业吗？

（6）除此之外，你还喜欢什么工作？

（7）在经济上你有什么要求？

（8）你能刻苦耐劳吗？

（9）除了你现在应征的工作之外，你还愿意做些其他零碎的事情吗？

（10）你来工作，是为了赚薪水，还是学些经验？

（11）你有信心胜任这个工作吗？

（12）你对此处所经营的事业，过去有所认识吗？

（13）你来应征前到别处应征过吗？

（14）你想找一份什么样的职位？

（15）你的弱点或者不足是什么？

（16）你知道我们的竞争对手是哪家公司吗？

（17）你认为自己能充分发挥自己的优势吗？

（18）你内心对这家公司的印象如何？

（19）你喜欢这里的环境吗？

要留意，凡是负责接见求职者的人，你要假定他们都有锐利的眼光、正确的判断，他们会一眼就看出你有没有交际的经验。

大多数善于交际的人，都有掩饰其本身弱点的习惯，这并不为对方所喜，因为对方接见你，就是想了解你的真相，所以你说的话一定要让他们深信不疑。

面试时，大家都抱着很大的成功希望，害怕失败，这种心态会导致患得患失，斤斤计较。遇到不顺利或出现错误，就容易气馁或造成过度紧张，而不能发挥正常水平。最好的办法是不要过分有非得到不可的态度，这样遇事反而就容易坦然处之。

有这么一个笑谈：某公司招聘雇员，面试时，主试者问某应征者："你初恋过多少次？"

应征者答："三次。"

他答得很"可爱"，引得主试者哈哈大笑起来，因为初恋只能有一次。这就是应征者由于情绪紧张造成的。

除了上述笼统性的询问之外，你还要"应酬"其他的问题，包括有：关于你应征的公司或机构的事情，关于你的待遇和日常生活的事情，关于你的性格和健康的事情，关于你的思想和趣味的事情，关于结婚和家庭的事情，关于家庭和学业的事情等。

依照许多位主试者的见解，他们对于来应征的人谈到机构本身的事时"茫然不知"，心里极不愉快。

例如，某汽水厂招聘职员，一定问及"你以前喝过我们的汽水吗？"之类的事情，答以"喝过"是不够的，因为他还会问你"觉得我们的汽水与别的汽水有什么不同之处"等等。

有人在问及待遇问题时，大都会答以"只求录用，薪金不论"，或者"金钱对于我不那么重要——机遇才是我最关注的"，这也不是最好的答复。

金钱的重要不仅在于说明它如何来支配生活，而且在于表明这份工作和工作职位的重要。在事前你需要掂量一下，"一般情况下，他们对这样的职位会付给多少"，你可根据这项工作的性质、难度和你本人的素质，提个不高不低的范围。提少了，对方怀疑你是否有真本事，要求太高，对方会认为你太挑剔太讲究。

记住，薪水的问题不是你提出多少他们就会给你多少的，他们或许在事前就已定了下来。只要是个有前途的职位，不必现在就计较得失。

在此基础上巧妙地表达出你的意愿，要注意说得实在。主试者一般不会对你产生误会的。因为活在这个世上的每一个人都明白：金钱不是万能的，但没钱却是万万不能的。

至少，你还可以这样表示："最好能够有较佳的待遇。"或"希望录用之后，待遇会逐步提高。"这样才是真实并受到对方信任的讲法，因为人的本性是"往上爬"的。

有些主试者喜欢应征者和他有同一嗜好，比如他喜欢看文艺名著，他可能问你有没有看过某名家所写的新书。但要当心，如果你真的没有看过，你要坦白承认"还没有看过"，但可补充说，"在报纸上常常见到这本书的介绍文章"之类，他听了一样高兴。

答复"你为什么离开以前的单位，外谋新职"时，多数人答以"嫌薪水少，工作时间长"等都是不好的，对方听了会不舒服，因为总有一天你会以同样的理由嫌他的。

主试者十分注意考察你是否因为在工作中没有起色而被终止工作、免职或者辞退，更确切地说，面试人注重的是你与人相处的能力。对此，最好是如实回答，不过方式是不要损害到自己。

你可向面试人提供一个可以让人接受的完美解释。例如，你离职是由于公司不景气，没有发展潜力等等。

如果你被炒了鱿鱼，千万不要说："我不能使上司满意。"而应这样答："我认为那份工作不能让我充分施展我的才能。"其实，最好的说法如何，应因人而异，我以前听见一个应征者答得较妥，他说："我总觉得能来贵公司工作比以前更好。"

被问及"你喜欢怎样的上司"时，你就应该清楚主试者这样问是看你是否爱顶撞上司，是否与本单位的上司合作得好。

如果该单位的主管大致是属不保守的一类，你可以说："我喜欢那些有进取精神、有胆有识的领导者，这样的上司可以给我发挥才能的机会。"

如果他可能是不开明、不易相处的一类，你可以说："只要我服从领导，而在他的领导下我又可以干好工作的，我都喜欢。"

谈到"你的不足是什么"时，试图回避或不提自己的缺点，不是一个好策略，既要做到有话可说，说得出来，又不必贬低自己。

可谈一到两项不足之处，谈时要把缺点、不足说得不会对自己造成什么危害，是一些易于弥补的缺点。

当对方要你谈谈个人的情况时，主试者最忌讳你像记"流水账"一样无边无际，又忌讳你毫无根据地自夸和捏造事实。针对所求职位的性质特点，你应简洁、有用，重点地谈及你的文化程度、所受教育或培训情况、应聘前的工作经历、工作经验、专长、兴趣。

然后讲"正因为这些，促使我今天到这儿来谋职"，接着再谈一下为什么你适合这个职务。

关于家庭方面的询问，也是应聘中的一个重要的环节。因为家庭对个人的性格、行为、习惯有很大的影响。

一个不健全的家庭可能会使人性情孤僻、行为放纵等。因此，主试者一旦知道你来自有问题的家庭，会对你是爽朗还是孤僻，是任性还是自制，是轻浮还是稳重等性格和行为习惯多加注视和考察，故你的言行举止都要注意，以留下一个好的印象。

还有，许多大机构的主事者都私下表示不愿雇佣家境太贫穷或太富有的人，这种见解虽然不一定合理，但事实如此，我们应该在回答时注意，即使不说谎，也不该对于家庭的贫富过分夸张。

只有机智才能制胜

机智对一个人来说太重要了，它能给你提供智慧的密码。因此，你应当学会处处运用机智来获胜。谁能够精确地估算出由于缺乏机智而导致的损失呢？

你也许正在疑惑，那些人生旅途上的跌跌撞撞、磕磕碰碰，那些生活中的弯路和陷阱，那些跌倒后的辛酸、苦涩与困惑，那些由于不知道怎样在合适的时间做合适的事情而导致的致命错误为什么总是"伴随着"你呢？此外，你可能经常看到蓬勃洋溢的才华被无谓地浪费，或者是得不到有效的利用，因为这些才华的拥有者——你，缺乏这种被我们称之为"机智"的微妙品质。

或许你接受过高深的大学教育，或许你在自己的专业领域受到过最尖端的训练，或许你在自己所从事的行业是一个真正的天才，然而，你仍然可能在这个世界上郁郁不得志或是难展宏图。但是，一旦你能够在原有才干的基础上增加机智这种品质，并与才干结合起来，你将惊奇地发现前途是多么的坦荡光明，而你在发展自己的事业时又是多么的得心应手。

不管一个人是多么的才华横溢，天资过人，如果他缺乏足够的机智来对才华和天资进行有效的引导，如果他不能够在适当的时间说适当的话做适当的事，那么他还是无法有效地施展和运用自身的才华。

与那些有着卓越才干却缺乏机智的人相比，成千上万的人尽管才能平庸，但却由于其机智灵活而取得了更大的成就。

你处处都可以看到这样一些人，他们仅仅因为不能主动寻找制胜的契机而备受挫折，遭受友谊、客户和金钱方面的巨大损失，他们所付出的代价是极其惨重的。由于缺乏机智，商人因此流失了自己的顾客；律师因此而失去了富有的客户；医生则因此病人骤减、门庭冷落；编辑为此牺牲了订户；牧师则丧失了他在讲道坛上的说服力和在公众心目中的崇高形象；教师在学生中的地位为此一落千丈；政治家也为此失去民众的支持和信任。

机智在商业活动中是一笔巨大的财富，对一个商人来说那就更是如此。在现代的大都市里，有无数的诱惑在吸引着顾客的注意力，因而机智所起的作用就更为重要。

一位著名的商界人士把机智列为促使其成功的首要因素，另外的三大因素是：远大的抱负、专门的商业知识和得体的穿着打扮。

试想一下，由于银行的出纳员或营业员缺乏机智，有多少富裕的储户因此而愤愤离去，另投他门啊！

如果一个人想要在自己的业务活动或职业中获得成功的话，那他就必须拥有这种能赢得同事信任并帮助他结交可靠朋友的才能。一个真诚的友人会利用一切机会赞扬我们所写的书，会不遗余力地向他人仔细描述我们在最近一次开庭中的精彩辩护，或者是我们在治疗某个病人时的神妙医术；他们会在我们的名誉受到恶意的诽谤时挺身而出、仗义执言，并反驳和痛斥那些卑微的小人。然而，如果缺乏机智的话，我们是不可能交到这样肝胆相照、莫逆于心的知己好友的。

　　某位先生尽管极具才干，并进行着刻苦努力地工作，然而，由于个性中缺乏机智这种卓越的品质，他的努力几乎完全付诸东流。他好像永远都无法与他人和平共处。尽管除了机智之外，他似乎具备成为一个杰出人物、成为一个领导者的全部品质，然而正是这一不足构成了他的致命缺陷，使得他的生活波折重重、坎坷颇多。他总是做那些不该做的事，说那些不该说的话，并在无意之中伤害他人的感情，所有的这一切都抵消了他的刻苦努力所取得的结果，使得其他的努力变得毫无意义，因为在他的头脑里压根就没有"机智"这样一个概念。他一直都在不断地得罪和冒犯他人。

　　关于这个问题，还有下面的论述：

　　"一个机智灵活的人不仅能够最大限度地利用他所知道的一切事物，而且能够巧妙地利用许多他所不了解的事物，通过熟练圆滑的技巧，他可以机敏地掩饰自己的无知，并比一个企图展示自己博学的老学究更能赢得人们的尊敬。"

　　在历史上，借助于机智成就大事者不胜枚举。以林肯为例，机智使他得以从内战期间无数不利的困境中解脱出来。事实上，如果缺乏这一重要因素的话，美国内战的结果很可能会完全改变。

　　"在运用机智和谋略的过程中，幽默始终在发挥着作用，幽默还会滋养我们的心灵。很多时候，我们在想到那些灵巧高明的技法时，情不自禁地想笑，这些技法在日后总是被证明为恰当的。在机智地运用谋略时，并不需要任何欺骗，我们所需做的就是展示一种正确的诱导，从而最有效地吸引和说服那些尚在徘徊观望的人。应该说，这种在恰当的时间内把应当完成的事情处理好的技巧是一种艺术。"

有人曾经说过:"每一条鱼都有它的钓饵。"正如任何鱼都有它的钓饵一样,只要我们具备足够的机智,就可以在任何人身上找到能够突破的地方,从而接近他们,不管他们是如何的怪癖乖戾,如何的难以靠近。

一步一步打开人生的局面

一个人精通做局之术才能打开自己的人生局面。这种"局"不是说要给别人设陷阱,而是规划自己的人生之路。一个出色的成大事者,必须有良好的自身素养,才能一步一步地打开人生局面。

那么,具体应该怎样做呢?我们建议你以下面4点为突破点训练和培养自己的素养:

第一,乐于冒险。成大事者往往具有超常的心理素质,这使得他们敢于冒险,乐于冒险。即使面对最糟的情况,他们也能充满勇气,昂然前行。

有一家小公司,多年来都想得到美国陆军防毒面具的制造合同,但早有一家比它大五十倍的大公司全部揽下了这笔生意。这家大公司有几百位工程师,而这家小公司只有五位。35年来,陆军的防毒面具几乎全是由这家大公司承制,在以往,这家小公司从未得到过这类合约。

但是这位小公司的经理却坚信他的公司有能力接下这笔生意。他愿意以他的名誉、公司资源和其他的工作机会做赌注，来争取为陆军生产两百万套防毒面具的合约。这家小公司以前接过的最大一笔合约，金额也没有超过 20 万。他说服了公司总裁，更重要的是，他说服了那五位工程师。

他们阅读了所有能找得到的有关防毒面具的资料；他们整整辛苦了 30 天，然后向陆军提出承制的申请，申请书也是尽可能保证完备。

虽然经过了大量的准备，这家小公司仍然没能获得合约，但是，那家大公司也同样没能争取到这个机会。由于预算的关系，陆军方面决定将这项采购延后一年。两家公司都有机会再做研究，并提出新的申请。

这样一来表示赌注又要增加。两家公司都得在这项计划上投下更多的资金和资源——结果只有一家能赢得合约。显然，大公司的胜算要大得多，但是这家小公司的领导人还是决定冒这场险。他要求工程人员加倍努力，而这些工程师即使在过去曾有所怀疑，如今却也是信心十足。

一年以后，他们重新提出申请，最后赢得了合约。单是这项合约，就使他们公司的营业额每年达到数百万美元。获胜的主要原因是他们有一位敢于冒险的领导者。

因此，人们常说："没有痛苦，就没有收获。"就像中国有古话所谈到的"不入虎穴，焉得虎子"。行事之前考虑一下可能发生的最糟情况是什么，然后鼓起勇气前行，风雨之后，必见彩虹。

记住：假若你敢冒险，最后你一定会成功，乌龟要想前进也须将头伸出来。假如你自己不是个成大事者，在前进时也必须昂首挺胸，勇往直前。

第二，创新精神。第一次世界大战期间，道格拉斯·麦克阿瑟将军还是一位38岁的准将，刚到法国就任一个美国步兵旅的旅长。他和部队共同生活在战壕里，每次攻击都身先士卒。

有一次他对属下一位营长说："少校，当攻击信号发出时，我希望你亲自带头，走在部队的前面。"

说到这里他停了一下，接着又说："如果你能够做到这一点，你这个营会跟着你前进，你就会得到'卓越服务奖章'，而且我会看着你得到。"

然后他又对这位营长说："我知道你会这样做的，现在你就已经得到这枚奖章了。"

说完，麦克阿瑟就将自己军服上的"卓越服务奖章"取下来，佩戴在这位营长胸前。

现在你想一想：一旦攻击信号发出时，这位营长会怎样做呢？你一定知道的，这位出色的营长虽然没能得到由国家颁发的奖章，但他骄傲地佩戴着麦克阿瑟的奖章，走在部队的最前面，正如麦克阿瑟所预料的，整个营都争先恐后地跟着他攻击，结果是成功地攻克了目标。

到一个目的地绝不会只有一条路，行动之前不妨看看有没有新的路线，或许它就是一条捷径。

第三，主动负责。成大事者通常都具有一个相同的可贵品质：强烈的责任感。因此，如果你想领导好你的部下，你就必须对他们负责。

在美国南北战争中，北军的尤里西斯·格兰特将军在唐尼尔森战役中首次指挥海陆两栖作战。在这项作战计划还未执行前，上级要他去参加一项会议，在他离开的这段时间，战争已经开始。

正如作战经常会发生的情形一样，这项作战未能按计划进行，中间有着很多意外和错误发生。北军海上攻击遭到击退；南军攻击格兰特的右翼，北军节节败退。当北军右翼快崩溃时，格兰特抵达了前线。

危急之中，他并没有胡乱地指责他的部下。他只是抽出指挥刀，骑着马在前线来回奔跑，向部队大声喊着说："赶快将弹药装上！敌人正在企图逃跑，我们绝不能让他跑掉。"

部队真的照他的话做了。在格兰特的指挥下，北军又重振士气，赢得了这场战役。

不负责任的人，绝不会成为好的成大事者。当然负责任不仅仅表现在口头上，你不能总是叫嚷着："我是你们的领导者。"你得用行动来表达你的责任心，就像格兰特一样。

第四，有远大目标。胸怀远大的目标，对一个成大事者来说是必不可少的。

大卫·琼斯将军有着辉煌的军旅业绩，曾担任过空军参谋长，后又成为联席会议主席。他对领导又有什么看法呢？

琼斯将军举了另一位空军参谋长寇提斯·李梅将军的例子。李梅将军将战略空军发展成主要的武力。他说："李梅将军为战略空军设定一个非常高的标准，然后坚持每个人都符合这个标准。李梅将军说，战略空军有一半的人员，要保持立即作战状态。有人说这根本做不到，但战略空军做到了。在李梅将军的领导下，安全措施、任务执行和战略都达到前所未有的标准。"

订立一个远大目标，努力去做，你会取得成功，请看下面一个例子。

约翰·史考利 38 岁时就成了百事可乐公司历史上最年轻的总裁，短短时间就取得了巨大的成就。但他不满足于此，他又转到苹果电脑公司，希望在那儿也能铸就辉煌。到了苹果电脑公司，史考利刚上任就遭遇到很多困难，其中最严重的就是夺去了兄弟提芬·杰伯（苹果电脑公司的创始者之一）的权力。史考利拟定了一些新策略，积极推行桌面出版的观念，并推动销售人员积极推销麦金塔电脑。这样一来，销售量大增，而公司也开始赚钱。

那么，他是如何使他的推销人员在业务上做得如此成功呢？在《奥德赛》这本自传体的书中记载得很清楚。他说："我们必须提高卓越的标准，而我也要提高对积压位的期望。在上个月我们的麦金塔电脑销路已好转，但现在还不是放松的时候。"

从以上事例来看，你对自己设定的期望值越高，你的成就往往也就会越大。

因此，你要想成大事，必须抱有更高的期望，这是你取得更大成就的动力。

对于许多想成功的人来说，一步一步推开成功之门，是最理想的结果。要想如此，自然是对自己综合能力的考验。因此所谓做局，就是一个人所有能力的全面爆发。

想点子提高自己的知名度

说到规划人生，其智慧之一是想出点子提高自己的知名度。我们都知道，一个人的知名度越高，就越容易拓宽交际范围，从而获得更多的朋友。一般说来，提高自己的知名度要做到，慕名而去、知人而交，也就是事先获得了有关人员的信息，然后根据信息有目的地去交际。

我们常常听到这样的话："您的大名我早就听说了，今日有幸相见，极为高兴。"多一个朋友、多一个熟人，意味着多了一条成功之路，多一个伙伴和帮手，对竞争事业极为有利。相反，那些默默无闻，鲜为人知的人，很难交上更多的朋友，成功的路就比较狭窄。知名度高，可以经常扩大自己的知识面，增添新的信息。学而无友，则孤陋寡闻；学而多友，信息日新。每一个朋友，都是一个信息源。如果竞争者注意经常收集众多信息源发出的信息，那就有了"千里眼"、"顺风耳"，得到别人所不能得到的东西。

提高知名度的一个主要办法是开展全、多侧面的外交，通过交际和游说，使人对自己由不知到知，由知之不多到知之较多。在我国先秦时期，这类成功的范例特别多。许多名不不见经传的一介布衣，靠游说和交际，一转而为卿相，成为万人共仰、炙手可热的人物。《战国策》记载了一个栩栩如生的人物——苏秦。

苏秦出身于农民家庭，很贫穷，达官贵人们并不知道他是何许人也。但在秦国虎视中原、六国共同利益和秦国一国利益发生矛盾的情况下，他挺身游说六国，合纵御秦。他最先取得赵国国王的信任，被封为相，随后又游说其他五国，一同抗秦，"山东之国，从风而服"，"廷说诸侯之王，杜左右之口，天下莫之能抗"，"一怒而诸侯惧，安居则天下息"。

知名度的提高，最根本的办法是取得显著的成绩。实绩是提高知名度的最有效武器。尽管一个人默默无闻、众所未知，但他做出了举世公认的成绩，创造了无可怀疑的劳动成果，那么，他的知名度也就提高了。

据载，三国时期，庞统前去投奔刘备，刘备以貌取人，见他形体丑陋，以为一定没有什么才能，便让庞统到耒阳县做县令。

庞统到了耒阳县以后，终日饮酒，不治政事。刘备知道了这个消息之后，便派张飞到耒阳去巡查。张飞到了耒阳，发现县里的公务积压了一大堆，不禁大怒，对庞统说："我哥哥看你是个人才，让你做县宰，你为什么把县里的事务都荒废了呢？"庞统听了，微笑着说："区区小县，有什么难办的事！"就命令手下的官吏把简牍文书全部抱到堂上，庞统在堂上耳听口判，曲直分明，积压了一百多天的文书，不一会儿就处理完毕。这时，庞统把笔扔在地上，问张飞说："我究竟荒废了主公什么事情呢？"张飞大吃一惊，马上起身回到荆州向刘备汇报。这时，刘备方知道庞统是个很有才能的人。庞统以实绩提高了自己的知名度，后来，做了军师中郎将。

在某种程度上，规划人生就是提高自己的"人气"，人气越旺，成功的概率就越大。只是有些人常忽视这一点，可谓浮浅之举。

变换看问题之眼

为人处世切不能钻牛角尖，必须学会变换看问题的角度。这就是说，当个人从另个角度去看问题之后，往往视野就会随之开阔。所以，如果你对现在的某些情况感到不满意，就不妨变换一下看问题之眼。

有这么一个近似于文字游戏的论述。吃葡萄时悲观者从大粒的开始吃，心里充满了失望，因为他所吃的每一粒都比上一粒小；而乐观者则从小粒的开始吃，心里充满了快乐，因为他所吃的每一粒都比上一粒大。悲观者决定学着乐观者的吃法吃葡萄，但还是快乐不起来，因为在他看来他吃到的都是最小的一粒。乐观者也想换种吃法，他从大粒的开始吃，依旧感觉良好，在他看来他吃到的都是最大的。

悲观者的眼光与乐观者的眼光截然不同，悲观者看到的都令他失望，而乐观者看到的都令他快乐。如果你是那个悲观者的话不妨不用换吃法，而换种眼光吧。

站得高看得远是个永恒不变的真理，但你要先登上高峰才有这样的机会。

想要站得高，就要超越自己的眼光，超越自己的眼光，必须先得超越自己。不妨想象一下自己还没有达到的目标已经达到，那时你会拥有怎样的眼光。

有这样一个笑话，一位已经年近古稀的农夫说："我的力气和壮年时一样大！"别人都惊疑地看着他，他进一步解释："想想那块大石头我壮年时抬不动，现在还是抬不动。"不要以为你的眼光没有达到某个目标就以为它一直没有改变，其实你的眼光一直在变，只是你没有察觉到而已。

也许是你给自己眼光定下的参照物也在变化，所以你才忽略了变化，不要因此而产生悲观的情绪，这反而会损害"视力"。

一位病人找到眼科大夫："医生，我不能念报纸。"医生给他检查以后安慰他："没关系，你的眼睛近视，配一副眼镜就可以解决问题了。"病人惊喜地问："真的吗？我配眼镜以后就可以看报纸了？"医生笑着肯定。病人戴上配好的眼镜拿起一张报纸来。"医生，我还是不能念。"医生奇怪地又仔细检查了病人的眼睛："不可能呀？你真的只是近视而已。"病人回答："可是我不识字。"

所以有时是你自己没有区分"看不懂"与"看不见"之间的差别。你的目光放在哪里，你的注意力也会集中在哪里，所以要慎重选择你注视的方向。

你的时间、精力都是有限的资源，不能够供你任意挥霍，所以你最好只关注那些于你有重大意义的人或事，为一些并不重要的东西分散精力和眼力是件得不偿失的事。当然在学会关注之前你要先学会如何区分重要与不重要。

命运对每个人来说，都是一个需要用一生时间去解答的问题，既然如此，我们就不必时时把命运前程放在心上揣摩，反正一切都会有个结果，不如看看周围自然而新鲜的世界。

眼光决定人生，这一点也不过分。拥有什么样的眼光，也就拥有什么样的人生。

你眼光独特，必然会获得成功；你眼界狭窄，必然会把一生带进死胡同；你眼光散漫，人生也充满了散漫与空虚。反之，你想拥有什么样的人生，也就需要什么样的眼光，幸好，眼光是可以凭自己努力改变的。成功离不开敏锐的眼光，眼光越敏锐，就越容易发现别人未曾发现的问题，从而为自己赢得胜局打下良好的基础。

眼睛要大，心要明亮

善于做成局的人，必须心明眼亮。《菜根谭》说：本来，彼此都是以利相聚，分利不均自然要内讧；即使能够维持较长时间的相安无事，等到利益分完毕，也势必要分手散伙，再依据新的利益需求，组成新的团伙，原来同一营垒的人也许又会成为对手。因此，做局时一定要眼睛大、心明亮。

杨炎与卢杞在唐德宗时，一度同任宰相，两个人都算不上什么正派人物，不过杨炎毕竟还善于理财，文才也好，至于卢杞，除了巧言善辩，别无所长，但嫉贤妒能，使坏主意害人却是很拿手；两个人在外表上也有很大不同，杨炎是个美髯公，仪表堂堂，卢杞脸上大片蓝色痣斑，相貌奇丑，形容猥琐。

　　两人同处一朝，杨炎有点看不起卢杞。按当时制度，宰相们一同在政事堂办公，一同吃饭，杨炎不愿与他同桌而食，经常找个借口在别处单独吃饭，有人趁机对卢杞挑拨说："杨大人看不起你，不愿跟你在一起吃饭。"卢杞自然怀恨在心，便先找杨炎下属官员过错，并上奏皇帝。杨炎因而愤愤不平，说道："我的手下人有什么过错，自有我来处理，如果我不处理，可以一起商量，他为什么瞒过我暗中向皇帝打小报告！"两个人的隔阂越来越深，常常是你提出一条什么建议，我偏偏反对；你要推荐一些人，我就推荐另一些人，总是对着干。

　　当时有一个藩镇割据势力梁崇义发动叛乱，德宗皇帝命令另一名藩镇李希烈去讨伐，杨炎不同意，说："李希烈这个人，杀害了对他十分信任的养父而夺其职位，为人凶狠无情，他没有功劳却傲视朝廷，不守法度，若是在平定梁崇义时立了功，以后更不可控制了。"

　　德宗已经下定了决心，对杨炎说："这件事你就不要管了！"杨炎却不把德宗的决定放在眼里，一再表示反对，这使对他早就不满的皇帝更加生气。

　　不巧赶上天下大雨，李希烈一直没有出兵，卢杞看到这是扳倒杨炎的好时机，便对德宗皇帝说："李希烈之所以拖延不肯出兵，正是因为听说杨炎反对他的缘故，陛下何必为了保全杨炎的面子而影响平定叛军的大事呢？不如暂时免去杨炎宰相的职位，让李希烈放心，等到叛军平定以后，再重新起用，也没有什么大关系！"

　　这番话看上去完全是为朝廷考虑，也没有一句伤害杨炎的话，卢杞排挤人的手段就是这么高明。德宗皇帝果然信以为真，于是免去了杨炎宰相的职务。

从此卢杞独掌大权，杨炎可就在他的掌握之中了，他自然不会让杨炎东山再起的，便找碴整治杨炎。杨炎在长安曲江池边为祖先建了座祠庙，卢杞便诬奏说："那块地方有帝王之气，早在玄宗时代，宰相萧嵩在那里建立过家庙，玄宗皇帝不同意，令他迁走；现在杨炎又在那里建家庙，必定是怀有篡逆的野心！"

早就想除掉杨炎的德宗皇帝便以卢杞这番话为借口，将杨炎贬至崖州，随即将他杀死。

《菜根谭》说：处理人际关系时有一个原则：不要撕破面子。哪怕你对对方恨之入骨，必欲置之死地而后快，但在没有达到目的之前，也还是要和气相处，甚至在达到目的之后，对其亲人也还要笑脸相迎。这叫"虚与委蛇"。这有很多好处，一是可以麻痹对手，二是如果将来形势有变，彼此需要联手，也有个转圜的余地。

像杨炎这种人，喜怒形于色，最后遭到对手的暗算，实在是不可避免之事。

张泊、陈乔是南唐末代皇帝李煜身边的两名亲信佞臣，当北宋大兵讨伐江南时，他们向李煜严密封锁了南唐队伍节节败退的消息，李煜便以为可以高枕无忧，终日在宫中诵经念佛，直到北宋大军兵临城下，李煜偶尔登临金陵城头，发现四郊旌旗蔽日，战舰满江，才知道被二人所骗。

这两个人自知罪责难逃，便相约共同自杀，于是一同来到宫中向李煜诀别。陈乔说："臣辜负了陛下，唯有以死相报。如果大宋的皇帝责备陛下，陛下都往我身上推吧！”

李煜说：“我们南唐的气数已经完了，你们死了也无补于事。”

陈乔说：“陛下纵然不加罪于臣，臣也没有面目见天下人。”

说罢便回家上吊而死。张泊其实是个怕死鬼，根本就不想死，当陈乔离开李煜后他说：“我和陈乔共同主持军国大事，国家灭亡了，本来应当一起以死抵罪；可我又想，如果陛下被大宋掳去，谁来出面替陛下开脱责任呢！我之所以不死，是因为我还有事情没有办完呀！”结果他活了下来，后来投降了宋朝，又成为新朝的显官要宦，倒是李煜比他还先死的。

本来约好了一同以死抵罪的，到了最后关头，实心眼儿的死了，狡诈地改变了主意，活了下来，原来这样的事也是古已有之。

像这样的人，可以叫做：“可与共欢乐，不可与共患难。”做局有成败，成局不必多言，但是败局多是缺乏敏锐的眼力和心力所致。这一点，请大家记住。

曲中见直，直中见曲

做局术中有“曲”与“直”两个字，意思是什么呢？原来，事情往往有正必有反，有顺必有逆，有利就有不利，有直便有曲。一个人要善于从曲中见直，从直中见曲，从利中见不利，从不利中见利。这正是对忤合术的实际运用：善于思索，抓住事物的本质和特点，制定决策，"忤合之而化转之"。

春秋战国时期，楚庄王想攻打陈国，于是派间谍去刺探陈国的国情。侦察人员回报："陈国不可攻伐！陈国城高沟深，储备丰富。"楚庄王听后却满意地说："那么，陈国可以攻伐！"陈国国小但储备丰富，说明赋敛繁重；城高沟深，说明民力疲惫。于是，楚国起兵，一举攻下了陈国。这就是从曲中见直，从不利中见有利。

越国的范蠡在帮助勾践复国后坚持不就相位，汉朝的张良在灭秦除楚后杜门不接客，因为他们深知福极祸来的道理，这就是从直中见曲，从利中见不利。楚庄王胸有大志，腹有良谋，善于观察分析问题，充分表现出他的远见卓识。从上面举的"楚庄王攻打陈国"例子中可以看出。

楚庄王即位3年，没有发布过一条政令，似乎是"饱食终日，无所用心"，群臣对此忧心忡忡。一次，大夫申无畏请求拜见，楚庄王坐在那里不以为然地问："大夫求见，有何贵干？是想要饮美酒、听音乐，还是有话要和寡人说？"

申无畏转弯抹角地回答说："我既不是来饮美酒的，也不是来听音乐的。我是有事特来请教大王的。"楚庄王听说，急忙问："是何事？快说与寡人听听。"申无畏说："楚国某地高岗上，栖着一只身披五彩缤纷羽毛的大鸟，已历时三年，不飞不鸣，不知是何缘故？"楚庄王笑答道："这不是一般的鸟。三年不动，是为了养长羽翼；不飞不鸣，是为了观察民情。这只鸟不飞则已，一飞冲天；不鸣则已，一鸣惊人；你拭目以待吧！"

3年后，楚庄王开始运用谋略，缓和统治阶级内部矛盾，加强中央集权，发现并任用贤才治国理政，还采取了一系列诸如兴修水利、发展生产、关心民间疾苦等措施，使国势日益强盛，最后终于灭亡中原数国，成为称霸一时的霸主。

你也许认为，楚庄王的思维方式与行为方式和常人不同，也与常理不同，有自己的特点。然而实际上，他的做法更趋合于客观实际：当羽翼丰满，民情考察好了之后，再开始有所作为。这正如古书中所讲的那样，必定先做好周密考虑，先制定好实施措施，再用飞钳术来作为补充手段。

应对难题要有狠招

《红楼梦》一书中有："子系中山狼，得志便猖狂"一句。这句话道出了一个现实问题：有些人一旦得志将会祸患无穷。因此，为了根除后患，最好能在他尚未得势时便抑而治之，绝不手软。一位伟人曾经这样说过：对对手心慈手软就等于让自己失败。这话的确有几分道理。

有些人并没有过人的才干，却常常另有打算，不愿意接受他人的驾驭，往往巧言善辩以迷惑他人。

　　少正卯和孔子是同时代人，都在办学校。少正卯的学校人丁兴旺，而孔子的学校却三盈三虚。后来孔子当了鲁国的大司寇，就将少正卯杀在宫门外华表台下。事情的经过是这样的：自从孔子做了鲁国的大司寇以后，就同季孙氏、孟孙氏、叔孙氏三家大夫商议铲除家臣的势力。孔子说："家臣的势力一大，大夫反倒受他们的压制。必须把他们的城墙改矮，家臣才不敢随便背叛大夫。"三家大夫都表示赞成，于是便通知三位家臣，让他们将城墙改矮三尺。三位家臣闷闷不乐。正在这时，他们想起了鲁国名人少正卯，请他出出主意。

　　少正卯极力反对孔子的主张，他说："为了保卫国家才把城墙砌得又高又结实，不应当改矮。孔先生的这种办法不太合适吧。"

　　由于少正卯在背后教唆，三个家臣就壮大了胆子，对主人的命令不再理会。三家大夫见状，便发兵围城迫使家臣就范。由于三家大夫联合行动讨伐叛臣，季孙氏和叔孙氏的家臣被打败，狼狈逃走。孟孙氏的家臣公敛阳见势不妙，急忙找少正卯出主意。

　　少正卯趁机煽风点火，说道："你把守的城市是鲁国北面的要塞，千万不要把城墙改矮，要是城墙不结实，万一齐国打过来那就守不住了。"

　　公敛阳受了少正卯指使，态度立即强硬起米，扬言："我为鲁国的安全宁可丢掉自己的性命，也不会听别人的话拆去城墙一块砖。"

　　孔子听了这话，便让孟孙氏将这件事告诉鲁定公，鲁定公召集群臣商量此事。会上，意见不一。有的主张拆，有的反对拆，各有各的理由。

　　一向反对孔子的少正卯这时不仅故意顺着孔子的心意，声言赞成孔司寇的主张，应该把城墙矮下三尺去，还乘机挑拨说三家大夫是培植私人势力。

孔子及时识破了少正卯的奸计，立即反驳说："这太不像话了，三家大夫都是鲁国的左右手，难道他们是培养私人势力的吗？少正卯明明是在挑拨是非，让君臣上下互相猜疑怨恨。这种挑拨是非，扰乱国家大事的人应判死罪。"

大臣们觉得孔子的话有些偏激，都纷纷为少正卯说情。孔子说："你们怎么知道少正卯的奸诈？他的话听起来好像很有理，其实都是些坏主意。他的一举一动，看着令人佩服，其实都是假装的。像他这种心术不正的虚伪小人，最能够颠倒是非诱惑人，非把他杀了不可。"

孔子最终杀了少正卯。

孔子的弟子子贡事后曾问孔子："少正卯是鲁国的知名人士，先生诛杀了他，恐怕得不偿失吧？"孔子说："人有五种恶行，而盗窃还不包括在内：一是通达古今之变即铤而走险；二是不走正道而坚持走邪路；三是把荒谬的道理说得头头是道；四是知道很多丑恶的事情；五是依附邪恶并得到恩泽。这五种恶行沾染了一种，就不能避免被君子所诛杀，而少正卯是五种恶行都兼而有之。他是小人中的雄杰，岂有不杀之理！"

孔子杀少正卯可谓是狠下毒手，但是却起到了杀一儆百的作用。倘若对这样的人姑息迁就，让其得势，孔子恐怕也难保不为其所害。

应对难题，要有解决难题的狠招，不能等一下、看一看再说。否则，你绝对会受到攻击！

自己给自己壮胆

世界上有许许多多的人不敢冒险，只求稳妥。这里所谈的壮胆，就是指要克服只求稳妥的弱点，要敢做敢为，敢于冒险，相信自己能展翅飞翔。但是，胆子大一点绝对不是在说要粗枝大叶、闭眼蛮干，也不是只求前进而不管实际。那并非敢做敢为，而是莽撞蛮干。

你在此要考虑的是：在我的这一生中，在某些时候必须采取重大的和勇敢的行动，但这只是在仔细考虑这次行动成功的可能性之后才把胆子放大而采取的行动。生活中伟大的成功者在机遇降临时总愿放大胆子一试身手。有趣的是，这类成功人士多数聪明能干，严于律己。

有这样一个人，头脑聪明、机智灵活。他一生几起几落，如果把他的成功和失败画成图形，那看起来肯定像阿尔卑斯山那样起伏不平。尽管他经常冒险，但奇怪的是他并非人们所认为的那种赌鬼，例如，他从不去赌赛马，也不去拉斯韦加斯赌博。此君在飞机上同邻座的陌生人谈了一会儿话之后就给某个工程投资 50 万，这一工程像火箭一样升得快，但后来却像枯草那样垮下来；他曾坐着雇有司机的劳斯莱斯轿车到处兜风，但有一天他跑去向朋友借车，因为他已没钱购买从芝加哥到底特律的车票。幸运的是，他的成功多于失败。最后他住在一幢豪华的公寓里。

他这样不是放大胆子敢做敢为，是蛮干。在生活中，有许多人得到某个机遇时却退缩不前，因为这一机遇涉及冒险。他有成功的潜力，但

　　是如果他没有被迫这样做，他当时也许根本不会发现自己身上存在着这样坚定的信心，去建立公司并走向成功之路。我们中有太多的人都像这样。

　　此外，世界上有许多人没意识到自己的潜力。过分谨慎就是其中最大的原因。

　　他们知道自己能干得更好，但他们从没有放大胆子往前冲。同那些比他们成功的人相比，他们有同样的能力，但他们却甘愿屈居下风。他们看见机遇但不去抓住它们。他们看到老朋友成功了就纳闷为什么自己不行。他们有时也有一些"赚百万元的念头"，但就是不采取行动。

　　从很大程度上看，他们的问题是惰性。还有忧虑。惰性指的是物体保持自身原有的运动状态的性质，不受外力作用就不会变化。惰性的原理也适用于人，也许，适用于你。要想在工作中取得很大的变化，也许得下大决心、花大力气。

　　在面对是否采取行动的问题上，特别是这种行动涉及冒险时，我们会发现自己犹豫不决、坐失良机。在这种情况中，是传统的观点在作怪："不要鲁莽行动，这里很可能有危险，不要去尝试。"

　　这常常是明智的劝告，但身为作家兼牧师的威廉·埃勒里·查宁却这样说道："有时……把胆子放大一点敢做敢为最聪明。"

　　我们常常犹豫不决，使我们的信心得不到升华，因为我们本身缺乏信心。我们能完全意识到我们的弱点，而怀疑就经常从这种事实中产生。我们对一切了解太多，所以我们生性谨慎，愿意推迟重大的决定，有时甚至无动于衷。

但怎样才知道别人比你决心更大呢？如果你既了解自己也了解他人，你可能会对他们的恶习和弱点感到吃惊。他们完全有可能比你更加踌躇不前。

问题是，你对你的一切知道得又具体又透彻，而对他人的一切却了解甚微。你同"那人"可能习性相同，只要你有相同的成功机遇，你完全可以同他一决高下。你所需要的只是放开胆子敢拼敢打的闯劲。

在美国经济大萧条最严重时，在多伦多有位年轻的艺术家，他全家靠救济过日子，那段时间他急需要用钱。此人精于木炭画。他画得虽好，但时局却太糟了。他怎样才能发挥自己的潜能呢？在那种艰苦的日子里，哪有人愿意买一个无名小卒的画呢？他可以画他的邻居和朋友，但他们也一样身无分文。唯一可能的市场是在有钱人那里，但谁是有钱人呢？他怎样才能接近他们呢？

他对此苦苦思索，最后他来到多伦多《环球邮政》报社资料室，从那里借了一份画册，其中有加拿大的一家银行总裁的正式肖像。他回到家，开始画起来。

他画完了像，然后放在相框里。画得不错，对此他很自信。但他怎样才能交给对方呢？他在商界没有朋友，所以想得到引见是不可能的。但他也知道，如果想办法与他约会，他肯定会被拒绝。写信要求见他，但这种信可能通不过这位大人物的秘书那一关。这位年轻的艺术家对人性略知一二，他知道，要想穿过总裁周围的层层阻挡，他必须投其对名利的爱好。

他决定大着胆子采用独特的方法去试一试，即使失败也比主动放弃强。

他梳好头发、穿上最好的衣服，来到了总裁的办公室并要求见见他，但秘书告诉他：事先如果没有约好，想见总裁不太可能。

"真糟糕，"年轻的艺术家说，同时把画的保护纸揭开，"我只是想拿这个给他瞧瞧。"秘书看了看画，把它接了过去。她犹豫了一会儿后说道："坐下吧，我就回来。"

一会儿，她回来了。"他想见你。"她说。

当艺术家进去时，总裁正在欣赏那幅画。"你画得棒极了，"他说，"这张画你想要多少钱？"年轻人舒了一口气，告诉他要 25 美元，结果成交了。

为什么这位年轻艺术家的计划会成功？答案是显而易见的。他刻苦努力，精于他所干的行业；他想象力丰富：他不打电话先去约好，因为他知道那样做被拒绝；他敢想敢做：他不想卖给邻居，而是去找大人物；他有洞察力：他能投合总裁对名利的爱好，所以选择了他的正式肖像是明智的，他知道这肯定对总裁的口味；他有进取心：做成生意后，他又请银行总裁把他介绍给他的朋友；他敢于另辟蹊径，在采取行动前研究市场，认真估计第一笔生意后的事，他成功了。

此外，最重要的是，他有胆子去做那些别人认为"做不了的事情"。

善于控制自己的情绪

一个人面对麻烦或者面临紧急情况时，往往也就是最需要头脑清醒、思路清晰和判断明智的时候。在此种情况下，一旦你觉得恐惧或忧虑缠身，你绝对不可以决定重大事情。你应该立即中和这种状态，你应当以相反的思维或心情来整治它，比如想象你处在心平气和、镇定自若的状态。务必控制住自己，使自己的心态平和，然后你才能头脑冷静、明智地把事情办好。切记，在心乱如麻、忧虑且焦躁不安时，绝不要从事一些重要的工作或处理重要的事情。

虽然人人都有不易控制自己情绪的弱点，但人并非注定要成为情绪的奴隶或喜怒无常的心情的牺牲品。当一个人履行他作为人的职责，或执行他的人生计划时，并非要受制于他自己的情绪。要相信人生来就要成为他自己和环境的主人。

有一位年轻人毕业后被分配到一个海上油田钻井队工作。在海上工作的第一天，领班要求他在限定的时间内登上几十米高的钻井架，把一个包装好的漂亮盒子拿给在井架顶层的主管。年轻人抱着盒子，快步登上狭窄的、通往井架顶层的舷梯，当他气喘吁吁、满头大汗地登上顶层，把盒子交给主管时，主管只在盒子上面签下自己的名字，又让他送回去。于是，他又快步走下舷梯，把盒子交给领班，而领班也是同样在盒子上面签下自己的名字，让他再次送给主管。

年轻人看了看领班，犹豫了片刻，又转身登上舷梯。当他第二次登上井架的顶层时，已经浑身是汗，两条腿抖得厉害。主管和上次一样，只是在盒子上签下名字，又让他把盒子送下去。年轻人擦了擦脸上的汗水，转身走下舷梯，把盒子送下来，可是，领班还是在签完字以后让他再送上去。

年轻人终于开始感到愤怒了。他尽力忍着不发作，擦了擦满脸的汗水，抬头看着那已经爬上爬下了数次的舷梯，抱起盒子，步履艰难地往上爬。当他上到顶层时，浑身上下都被汗水浸透了，汗水顺着脸颊往下淌。他第三次把盒子递给主管，主管看着他慢条斯理地说："把盒子打开。"

年轻人撕开盒子外面的包装纸，打开盒子——里面是两个玻璃罐：一罐是咖啡，另一罐是咖啡伴侣。年轻人终于无法克制心头的怒火，把愤怒的目光射向主管。主管又对他说："把咖啡冲上。"此时，年轻人再也忍不住了，"啪"的一声把盒子扔在地上，说："我不干了。"说完，他看看扔到地上的盒子，感到心里痛快了许多，刚才的愤怒发泄了出来。

这时，主管站起身来，直视他说："你可以走了。不过，看在你上来三次的分上我可以告诉你，刚才让你做的这些叫作'承受极限训练'，因为我们在海上作业，随时会遇到危险，这就要求队员们有极强的承受力，承受各种危险的考验，只有这样才能成功地完成海上作业任务。很可惜，前面三次你都通过了，只差这最后的一点点，你没有喝到你冲的甜咖啡，现在，你可以走了。"

一个思维受到过良好训练的人，完全能迅速地驱散他心头最浓密的

"不幸"感的阴云。但是，困扰我们大多数人的却是，当出现一束可以驱散我们心头阴云的心灵之光时，我们却紧闭着心灵的大门，试图通过全力围剿的方式驱除心头的情绪阴云，而非打开心灵的大门让快乐、希望、通达的阳光照射进来，这真是大错特错。

一门最精湛的艺术就是学会怎样清除坏情绪，即清除破坏我们舒适、幸福和阻碍我们成功的不良情绪。学会专注于真、善、美的事物，而非假、恶、丑的事物；学会专注于和谐，而非混乱不堪的事物；学会专注于生，而非专注于死；学会专注于健康，而非疾病等等，这样就容易使人形成健康的思想习惯。当然要做到这些，并不是很容易的，然而并非没有可能。它只需一点思维的技巧，这种思维的技巧能使人形成正确思考的习惯。

当你觉得不快情绪涌上心头时，你不妨将精力转移到那些与这种情绪完全相反的方面上，并树立快乐、自信、感激和善待他人的理念，这样，你就会惊奇地看到那些阻碍你前行脚步并使你的人生痛苦不堪的万恶敌人，转眼之间便无影无踪了。正如打开窗帘射进阳光以后黑暗就消失了一样，我们并没有直接把困扰我们的心灵乌云驱逐出去，但是我们推介了一服根治它的良药，我们引进了一缕可以迅即减轻黑暗程度的阳光。当你情绪低落、愁肠百结时，你不妨停下自己手头的工作，用其他一些截然不同的理念，认真地将这些思想的敌人驱逐出你的大脑，并坚决地消灭这些敌人。也许你深深知道，当你郁闷难消时，一个快乐、绝妙的想法能很快使你走出忧郁的困境。如果你暂时没有乐天知命、充满希望的性情的话，那么，就请你想象一下这种性情吧，它很快就会属于你。

下次如果你感到疲惫不堪时，感到沮丧、郁闷时，究其原因，你也许会发现，之所以会出现这种情况，主要是因为精力不支；而之所以精力不支，或者是由于工作过量、暴饮暴食，在某种程度上违背了消化规律的缘故，或者是由于某种不合常规的习惯作祟的缘故。

你应该尽可能地融到那种最激动人心的社会环境中去，或者从事某一件使你开怀大笑或者感到乐在其中的娱乐活动。一些人也许通过在家中与孩子嬉戏找到了新感觉，摆脱了疲惫、沮丧的情绪；其他人则在剧院里，在愉快的谈话中，或者在阅读使人愉快、催人奋进的书籍时，使自己从疲惫、沮丧中恢复过来了。

如果你喜欢，你也可以好好地多打一会儿盹。无论如何，如果你能够成为驾驭自己情绪的主人，你未来的人生就会是一片美好的前程。

办事要抓住关键

只要方向是对的，即使动作稍稍慢上一拍也无所谓。办事也是一样，只要抓住事情的关键，即使一时看不到成功的迹象，也是离成功最近的路。

罗杰有个朋友是企管顾问，几年前他要搬新家，决定请一个女性朋友帮他做庭院设计。这个设计师是园艺学博士，学问好又聪明。这个主人自己有很多构想，因为他很忙，又经常远行，所以一再向女设计师强调，庭园的设计一定要让他不用经常维护，自动混水装置等省力的设计更非常关键。总之，他一直设法减少需要花在维护庭园上的时间。最后女设计师忍不住对他说："我懂你的意思。但有个道理你应该事先明白，没有园丁，就不可能有花园。"

其实多数人都有过类似的想法，如果花园（甚至生活）能有自动维护设备，不必去理会，而结果却繁花似锦，仿佛经年累月有人在细心照应一般，那该有多好。

可惜人生不是如此。我们不能撒几颗种子，什么都不管就走开去做别的事，却期待着回来时能看到花团锦簇，然后悠闲地去采一篮子的花生、玉米、马铃薯、萝卜。唯有平常不断地灌溉、栽培、除草，才可能享受丰收的快乐。

当然，无为而治是可以生活，花园中也会长出点什么。不同的是辛勤的园丁会有美丽的园圃，散漫放任的结果必然是荒草蔓生。

在这里要告诉你的，就是办事情要抓关键，就是要找出人生中最重要的花草，全力去栽培。而且播种、灌溉、除草，每个关节都不能忽略，也就是将人生的圆满建立在"重要性"的观念架构上。每周只需花费30分钟，你就能得到数倍的效果。而且不管你目前的生活品质如何，运用以下方法就能立竿见影。制定人生关键的实现计划，发挥潜能以追求符合自然原则的圆满人生。

我们的建议另有一层裨益，是让你将实现办事情要抓关键的计划融入日常生活中。而且在实现的过程中，你将更信守承诺，也更能以均衡、合乎自然原则的方法把最重要的事列为当务之急。

你不妨利用计划表来安排下周的生活。我们的计划表与一般表不同的地方是以周为单位，而非以天为单位。以周为单位，我们会有更宽广的视野。拉远了镜头，我们才能"见山不是山"，也才能以相对重要而关键的观点来评论每日的生活。

当你开始为下周生活做安排时，第一步应探讨你整个生命中最需要办的关键的事情是什么？你的人生意义何在？要想得到答案，你必须先对下面问题有明确的期许：第一，什么是最重要的事？第二，你的人生意义何在？第三，你希望成为什么或完成什么？很多人会把答案写下来，作为个人的信念或使命。其中包含的不只是你对生命的期望，也透露出这期望背后的原则。你对上述问题一定要有清楚的答案，因为你的目标、每一次抉择、观念架构、时间安排，一切一切都会受到影响。

如果现在你还没有明确的个人信念，不妨通过下面的方法获知究竟什么事情对你是最关键的：

（1）列出你认为"最重要的"三四件事。

（2）想想你有什么长期目标？

（3）想想看，人生中最重要的人际关系是什么？

（4）想想看，你最希望有什么贡献？

（5）重新思索你最希望得到的感受是什么，是和平、信心、快乐、意义，还是有所贡献？

（6）假设你只有六个月的寿命，想想看，这个星期你要做些什么？

好好思索下面问题，你就能了解办事情要抓关键的重要性：

（7）假如你对自己的原则、价值观、终极目标有清楚的认识，这对你如何安排时间有什么影响？

（8）如果你知道最重要的是什么，你对生命会有什么不同的看法？

（9）如果你把人生的意义写下来，对你有什么价值？这会影响你如何安排时间与精力的运用吗？

（10）如果你每天检讨一遍这样的书面信念，是否会影响你在这一天中所做的事？

如果你已经有这样一篇书面信念，在你还没有计划未来一天怎么过以前，现在就拿出来检讨，反省你内心觉得最重要的事。

如果现在还没有把你的信念写下来，请花一点时间查看内在的"软盘"，想想看你生命中最重要的究竟是什么。

有了这样一个清单后，在未来的生活道路上，你就可以掌握什么事是你必须去做的，什么事是会浪费你的精力的。在解答了上面清单中的问题后，你就会明白，生活其实就是各种角色的串联，这里所说的角色当然不是虚假或演戏的意思，而是指我们选择去担当什么。我们可能在工作、家庭、社区等各方面扮演很重要的角色，角色代表的是我们在处理责任、人际关系以及贡献心力时能否站在最关键的位置上。

人生有很多痛苦，常是因为我们自知虽然成功地扮演某一角色，却牺牲了另一个可能更重要的角色。比如你可能是某家公司的副总裁，而且做得有声有色，但却不是一个好爸爸或好丈夫。你可能善于满足客户的需求，却常无法满足个人发展与成长的需求。

　　如果你对各个角色间的关系有清楚的认识，生活自然能维持秩序与均衡。而清楚的信念可自然衍生各个角色的定位。要在不同角色间取得均衡，并不是指花在每个角色的时间要均等，而是指要从这些不同的角色中抓住最关键的、最需要你下决心去完成的事情去做，只要掌握了办事情要抓关键这一原则，你的人生肯定会与众不同。